图1-1-1　芒果炭疽病病叶症状
（蒲金基　提供）

图1-1-2　芒果炭疽病枝枯症状
（蒲金基　提供）

图1-1-3　芒果炭疽病花序症状
（胡美姣　提供）

图1-1-4　芒果炭疽病幼果症状
（蒲金基　提供）

图1-1-5　芒果炭疽病青果症状
（胡美姣　提供）

图1-1-6　芒果炭疽病泪痕状病果
（胡美姣　提供）

图1-1-7　芒果炭疽病采后腐烂
（胡美姣　提供）

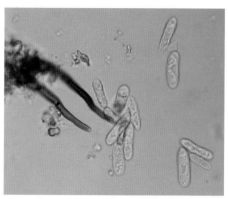

图1-1-8　芒果炭疽病病原菌
*C. gloeosporioides*的分生孢子梗和分生孢子

图1-2-1　芒果球二孢蒂腐病
（胡美姣　提供）

图1-2-2　芒果小穴壳蒂腐病
（胡美姣　提供）

图1-2-3　芒果拟茎点霉蒂腐病
（胡美姣　提供）

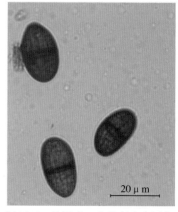

图1-2-4　芒果球二孢蒂腐病病原菌
*Botryodiplodia theobromae*成熟的
分生孢子

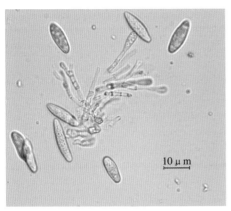

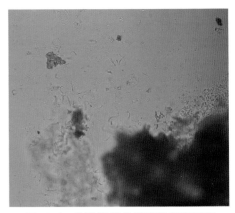

图1-2-5　小穴壳蒂腐病病原菌 *Dothiorella dominicana*的分生孢子梗和分生孢子（胡美姣　提供）

图1-2-6　芒果拟茎点霉蒂腐病病原菌 *Phomopsis mangiferae*的分生孢子

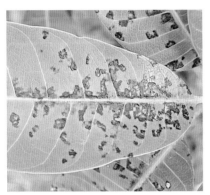

图1-3-1　芒果细菌性黑斑病叶片病害症状（蒲金基　提供）

图1-3-2　芒果细菌性黑斑病叶柄病害症状（蒲金基　提供）

图1-3-3　芒果细菌性黑斑病果实病害症状（刘晓妹　提供）

图1-3-4　芒果细菌性黑斑病枝条病害症状（蒲金基　提供）

图1-3-5　芒果细菌性黑斑病花序病害症
状（蒲金基　提供）

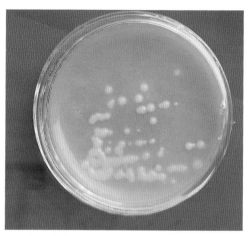

图1-3-6　芒果细菌性黑斑病病原细菌
Xanthomonas campestris pv. *mangiferaeindicae*
菌落形态（刘晓妹　提供）

图1-4-1　芒果白粉病花序病害早期症状
（蒲金基　提供）

图1-4-2　芒果白粉病花序病害后期症状
（谢艺贤　提供）

图1-4-3　芒果白粉病叶片病害症状
（刘文波　提供）

图1-4-4　芒果白粉病叶片病害后期症状
（张　贺　提供）

图1-4-5 芒果白粉病病果
（谢艺贤 提供）

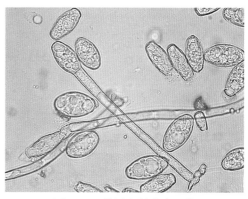

图1-4-6 芒果白粉病病原菌
*Oidium mangiferae*的分生孢子梗和分生孢子
（蒲金基 提供）

图1-5-1 芒果疮痂病叶片正、背面症状
（蒲金基 提供）

图1-5-2 芒果疮痂病幼果病害症状
（蒲金基 提供）

图1-5-3 芒果疮痂病果实发育后期病害症状
（蒲金基 提供）

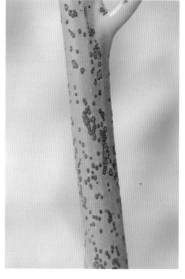

图1-5-4 芒果疮痂病嫩梢症状
（蒲金基 提供）

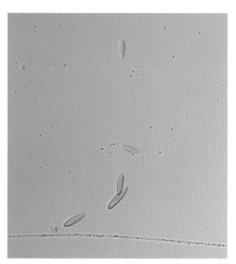

图1-5-6　芒果疮痂病病原菌分生孢子
（蒲金基　提供）

图1-5-5　芒果疮痂病花序病害症状
（蒲金基　提供）

图1-6-1　芒果畸形病丛枝丛叶症状
（蒲金基　提供）

图1-6-2　芒果畸形病丛枝症状
（蒲金基　提供）

图1-6-3　芒果畸形病丛花丛叶症状
（蒲金基　提供）

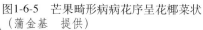
图1-6-5　芒果畸形病病花序呈花椰菜状
（蒲金基　提供）

图1-6-4　芒果健康花序
（蒲金基　提供）

图1-6-6　芒果畸形病枯死的病花序
（蒲金基　提供）

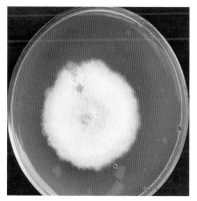

图1-6-7　芒果畸形病病原菌
*Fusarium proliferatum*菌落特征
（吕延超　提供）

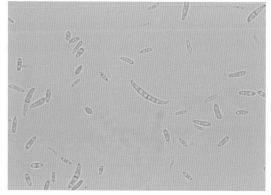

图1-6-8　芒果畸形病病原菌
*Fusarium proliferatum*分生孢子
（吕延超　提供）

图1-7-1　芒果露水斑病初期病害症
状（刘文斌　提供）

图1-7-2　芒果露水斑病（张　贺　提供）

图1-7-3 芒果露水斑病熟果病
害症状（蒲金基 提供）

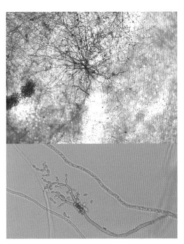

图1-7-4 芒果露水斑病病原菌
*Cladosporium cladosporioides*形态
（张 贺 提供）

图1-8-1 芒果灰斑病（张 贺 提供）

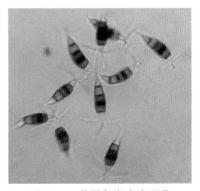

图1-8-2 芒果灰斑病病原菌
*Pestalogiopsis mangiferae*分生孢子
（漆艳香 提供）

图1-9-1 芒果煤烟病叶片病害症状
（蒲金基 提供）

图1-9-2 芒果煤烟病果实病害症状
（谢艺贤 提供）

图1-9-3 芒果煤烟病病菌
*Meliola mangiferae*附着枝和子囊孢子
（刘文波 提供）

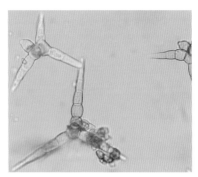

图1-9-4 芒果煤烟病病菌
*Tripospermum acerium*分生孢子
（刘晓妹 提供）

图1-10-1 芒果藻斑病病
　　　　叶上的藻斑
（刘文波 提供）

图1-11-1 芒果流胶病
　　　　病枝条流胶
（刘文波 提供）

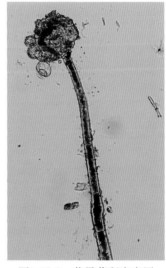

图1-10-2 芒果藻斑病病原
（刘晓妹 提供）

图1-11-2 芒果流胶病病树干流胶
（蒲金基 提供）

图1-12-1 芒果回枯病嫩梢顶端坏死
（蒲金基 提供）

图1-12-2　芒果回枯病枯死枝条
（蒲金基　提供）

图1-12-3　芒果回枯病枝条木质部褐变
（胡美姣　提供）

图1-12-4　芒果回枯病枝条流胶症状
（蒲金基　提供）

图1-12-5　芒果回枯病部分侧枝枯死
（胡美姣　提供）

图1-12-6　芒果回枯病顶芽和叶片病害症状
（蒲金基　提供）

图1-12-7　芒果回枯病整株枯死
（胡美姣　提供）

图1-13-1　芒果膏药病
（引自T.K.Lim 和 K.C.Khoo）

图1-14-1　芒果绯腐病
（引自T.K.Lim 和 K.C.Khoo）

图1-15-1　芒果链格孢霉叶斑病
（蒲金基　提供）

图1-16-1　芒果叶点霉穿孔病
（蒲金基　提供）

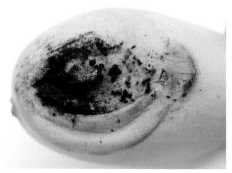

图1-17-1　芒果曲霉病黑曲霉引起的病果
（胡美姣　提供）

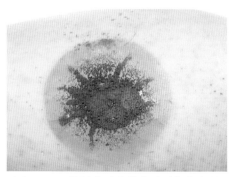

图1-17-2　芒果曲霉病黄曲霉引起的病果
（胡美姣　提供）

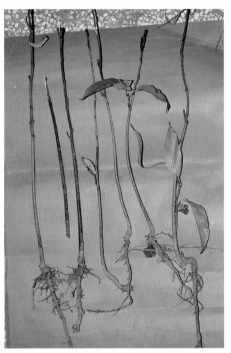

图1-19-1　芒果树生黄单胞叶斑病
（漆艳香　提供）

图1-18-1　芒果幼苗立枯病
（龙亚芹　提供）

图1-20-1　芒果多隔镰刀菌回枯病
（漆艳香　提供）

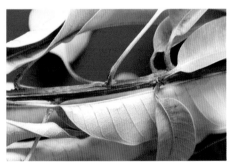

图1-20-2　芒果多隔镰刀菌回枯病
（漆艳香　提供）

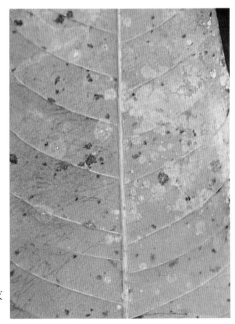

图1-21-1　芒果附生地衣
（蒲金基　提供）

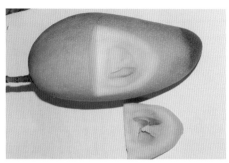

图2-1-1　芒果海绵组织病（谢艺贤　提供）

图1-21-2　芒果附生地衣（刘文波　提供）

图2-3-1　芒果黑顶病（谢艺贤　提供）

图2-2-1　芒果裂果症（谢艺贤　提供）

图2-4-1　芒果生理性叶缘枯病
（刘文波　提供）

图2-4-2　芒果生理性叶缘枯病
（蒲金基　提供）

图2-6-1 芒果缺铁症（蒲金基 提供）

图2-5-1 芒果缺钾症（Tiwari K.N.提供）

图3-1-1 芒果脊胸天牛危害状
（韩冬银 提供）

图2-7-1 芒果缺锌症（蒲金基 提供）

图3-1-3 芒果脊胸天牛危害状
（韩冬银 提供）

图3-1-2 芒果脊胸天牛危害状
（韩冬银 提供）

图3-1-4　芒果脊胸天牛成虫
（韩冬银　提供）

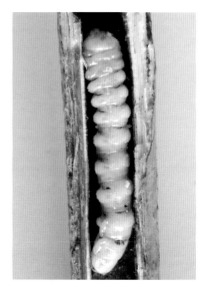

图3-1-5　芒果脊胸天牛幼虫
（韩冬银　提供）

图3-2-1　芒果切叶象甲危害状
（韩冬银　提供）

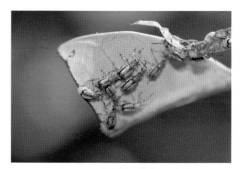

图3-2-2　芒果切叶象甲成虫
（韩冬银　提供）

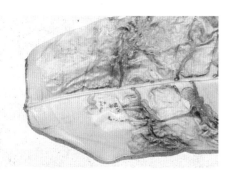

图3-2-3　芒果切叶象甲幼虫
（韩冬银　提供）

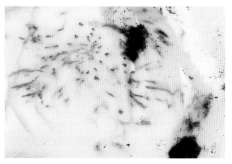

图3-3-1　芒果果肉象甲危害状
（韩冬银　提供）

图3-3-2 芒果果肉（果实）象甲危害状
（韩冬银 提供）

图3-3-3 芒果果肉象甲成虫
（韩冬银 提供）

图3-3-4 芒果果肉象甲幼虫
（韩冬银 提供）

图3-3-5 芒果果实象甲危害状
（韩冬银 提供）

图3-3-6 芒果果实象甲成虫
（韩冬银 提供）

图3-3-7 芒果果实象甲幼虫
（韩冬银 提供）

图3-3-8 芒果果核象甲成虫
（韩冬银 提供）

图3-4-1 橘小实蝇危害状
（韩冬银 提供）

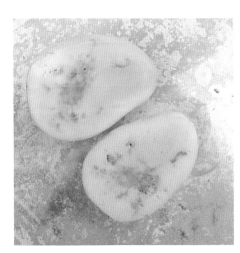

图3-4-2 橘小实蝇危害状
（韩冬银 提供）

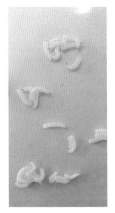

图3-4-4 橘小实蝇
幼虫
（韩冬银 提供）

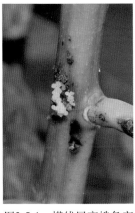

图3-5-1 横线尾夜蛾危害
状（韩冬银 提供）

图3-4-3 橘小实蝇成虫
（韩冬银 提供）

图3-5-2 横线尾夜蛾幼虫及危害状
（韩冬银 提供）

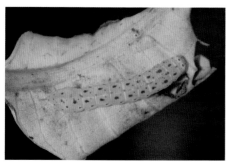

图3-6-1　芒果重尾夜蛾幼虫
（韩冬银　提供）

图3-7-1　褐边绿刺蛾成虫
（韩冬银　提供）

图3-7-2　褐边绿刺蛾幼虫
（韩冬银　提供）

图3-8-1　扁刺蛾成虫
（韩冬银　提供）

图3-8-2　扁刺蛾幼虫（韩冬银　提供）

图3-9-1　芒果小齿螟危害状
（韩冬银　提供）

图3-9-2　芒果小齿螟幼虫
（韩冬银　提供）

图3-9-3　芒果小齿螟蛹
（韩冬银　提供）

图3-10-1　芒果蛱蝶成虫
（韩冬银　提供）

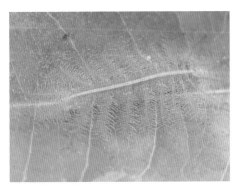

图3-10-2　芒果蛱蝶幼虫
（韩冬银　提供）

图3-11-1　芒果毒蛾成虫
（韩冬银　提供）

图3-11-2　芒果毒蛾幼虫
（韩冬银　提供）

图3-12-1　双线盗毒蛾成虫
（韩冬银　提供）

图3-12-2　双线盗毒蛾幼虫
（韩冬银　提供）

图3-13-1　小白纹毒蛾成虫
（韩冬银　提供）

图3-13-2　小白纹毒蛾幼虫
（韩冬银　提供）

图3-14-1　芒果天蛾成虫
（韩冬银　提供）

图3-14-2　芒果天蛾幼虫
（韩冬银　提供）

图3-15-1　潜皮细蛾危害状
（韩冬银　提供）

图3-15-2 潜皮细蛾幼虫
（韩冬银 提供）

图3-16-1 扁喙叶蝉
危害状
（韩冬银 提供）

图3-16-2 扁喙叶蝉危害状
（韩冬银 提供）

图3-16-3 芒果扁喙叶蝉成虫（韩冬银 提供）

图3-16-4 龙眼扁喙叶蝉成虫
（韩冬银 提供）

图3-17-1 白蛾蜡蝉成虫（绿翅型）
（韩冬银 提供）

图3-17-2 白蛾蜡蝉成虫（白翅型
（韩冬银 提供）

图3-17-3 白蛾蜡蝉若虫（韩冬银 提供）

图3-18-1 椰圆盾蚧危害果实
（韩冬银 提供）

图3-18-2 椰圆盾蚧危害叶片
（韩冬银 提供）

图3-19-2 芒果叶
瘿蚊成虫
（韩冬银 提供）

图3-19-1 芒果叶瘿蚊危害状
（韩冬银 提供）

图3-20-1 芒果蓟马危害状
（韩冬银 提供）

图3-20-2 芒果蓟马危害状（谢艺贤 提供）

图3-20-3 芒果蓟马危害状
（谢艺贤 提供）

图3-20-4 芒果蓟马危害状
（谢艺贤 提供）

图3-20-5 芒果蓟马危害状
（谢艺贤 提供）

图3-20-6 茶黄蓟马成虫
（黄 华 提供）

图3-20-7 茶黄蓟马若虫（韩冬银 提供）

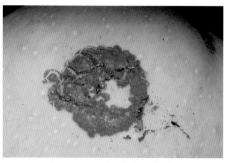

图3-20-8　红带蓟马成虫
（韩冬银　提供）

图3-20-9　红带蓟马若虫
（韩冬银　提供）

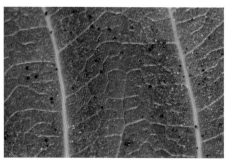

图3-21-1　芒果小爪螨及危害状
（韩冬银　提供）

图3-21-2　芒果小爪螨及危害状
（韩冬银　提供）

图3-22-1　黑翅土白蚁危害状
（韩冬银　提供）

芒果病虫害及其防治

蒲金基　韩冬银　主编

中国农业出版社

图书在版编目（CIP）数据

芒果病虫害及其防治／蒲金基，韩冬银主编．—北京：中国农业出版社，2014.9（2020.6重印）
ISBN 978-7-109-19452-6

Ⅰ.①芒⋯　Ⅱ.①蒲⋯　②韩⋯　Ⅲ.①芒果-病虫害防治　Ⅳ.①S436.67

中国版本图书馆CIP数据核字（2014）第176137号

中国农业出版社出版
（北京市朝阳区麦子店街18号楼）
（邮政编码100125）
责任编辑　张　利　郭银巧

北京通州皇家印刷厂印刷　　新华书店北京发行所发行
2014年11月第1版　　2020年6月北京第5次印刷

开本：880mm×1230mm　1/32　印张：4.125　插页：12
字数：105千字
定价：39.00元
（凡本版图书出现印刷、装订错误，请向出版社发行部调换）

主　　编　蒲金基　韩冬银

副 主 编　周　祥　刘晓妹　谢昌平　谢艺贤
　　　　　符悦冠

参编人员（按姓名拼音顺序排序）

中国热带农业科学院环境与植物保护研究所
符悦冠　韩冬银　胡美姣　蒲金基
漆艳香　谢艺贤　张　贺　张　欣

海南大学环境与植物保护学院
刘文波　刘晓妹　谢昌平　周　祥

前　　言

芒果（*Mangifera indica* L.）是我国热带亚热带重要的水果之一，据2010年农业部发展南亚热带作物办公室统计，芒果种植面积已达12.9万 hm²，产量达87.71万 t，总产值达39.29亿元，成为热区农民增收的重要经济作物之一。

我国热带南亚热带地区温暖湿润的天气条件十分有利于芒果病虫害的发生危害，芒果在开花、坐果、果实发育等几个关键环节，都会遭受多种重要的病虫害危害，对果实产量、品质和耐贮性影响很大。因此，病虫害防治是芒果生产管理的重要内容。

危害芒果的病虫害种类很多，目前国内记录的芒果病虫害共有150多种，其中细菌病害2种，真菌病害30多种，地衣、苔藓、藻类等7种，生理病害14种，虫害有99种，分属8目44科。随着芒果生产集约化程度的提高和感病品种的大规模推广，常发性病虫害危害有上升的趋势。而且，随着气候变化和芒果种植模式、品种结构等的变化，一些原本次要的病虫害有上升为主要病虫害的趋势，而极端的天气条件往往能够引起某些病虫害的异常发生。同时，在贸易全球化和国内地区间农产品、人员、种质材料交流频繁的大背景下，国外发生的一些危险性病虫害有可能侵入我国芒果产区并扩散危害，威胁芒果产业的安全。因此，准确识别病虫种类和危害特点，了解发生规律，掌握发生动态，并采取有效的防治措施，对实现芒果高产、优质、高效、生态、安全生产具有重要意义。

本书编者在多年从事芒果病虫害防治研究与实践的基础上，总结吸收国内外研究成果和生产经验，在文中较为系统地介绍了芒果常见病害的分布、危害、症状、病原（因）、发病规律及常见害虫的分布、危害、形态特征、生活史、习性和发生危害特点等；对病虫害的防治方法体现了以农业防治为主，与物理防治、生物防治、化学防治相结合的综合防治策略。全书共四部分：芒果侵染性病害，芒果生理性病害，芒果虫害和芒果采收、保鲜与贮运技术，并附有彩图。本书内容丰富，适合相关领域的科研人员、农业院校师生、技术推广人员、种植企业技术人员、果农等阅读参考。

本书由蒲金基、韩冬银编写、整理、统稿和订正，周祥、刘晓妹和谢昌平编写部分内容，图片的采集、编辑和排版主要由张贺、刘文波、张欣、胡美姣和漆艳香等完成。符悦冠、谢艺贤研究员为本书的编著给予了指导并提供部分资料和图片。

本书在编著过程中，引用了一些国内外同行专家的研究结果和文献资料，并合理吸收了果农和基层农技人员的实践经验，对他们的工作表示感谢！

本书的出版得到国家公益性行业（农业）科研专项经费（3-44）、农业部热带作物病虫害监测与防治财政专项经费以及海南大学环境与植物保护学院重点学科基金的资助，谨此致谢！

本书在编写过程中难免有疏漏和不妥之处，敬请有关专家、同行、读者批评指正，以便做进一步的修改与完善。

编　者

2014 年 6 月

目　　录

第一部分
芒果侵染性病害

国外报道的芒果病害约有 80 种，其中真菌病害约 70 种，细菌病害、藻斑病、线虫病及丛枝病近 10 种。我国已知约 60 种，其中真菌 47 种、细菌 2 种、线虫 2 种、藻类 2 种，并以炭疽病、蒂腐病、细菌性黑斑病、白粉病、疮痂病、露水斑病等发生最为普遍，也最为严重。此外，比较重要的病害还有畸形病、灰斑病、煤烟病、藻斑病和流胶病等病害。

1. 芒果炭疽病
Mango anthracnose

芒果炭疽病是芒果生长期及采后的主要病害之一。早在 1893 年美国就报道了此病害。后来在印度、印度尼西亚、菲律宾、泰国、秘鲁、圭亚那、波多黎各、古巴、特立尼达、刚果、西非、马来西亚、法国、南非及巴西等国家先后报道。我国在广东、广西、云南、海南、福建和四川等省（自治区）均有发生。该病害在芒果生长期侵染叶片常引起叶斑，严重时造成落叶，侵染枝条则造成回枯等症状，影响芒果树的正常生长发育；开花季节和坐果早期如果遭遇阴雨天气，常常导致大量落花落果，使果实减产 30％～50％，采前在果实表面形成病斑，影响果实外观品质；在贮运期，病果率一般为 30％～50％，严重的可达 100％。

症状 主要危害嫩叶、嫩枝、花序和果实。严重时可引起落叶、枝枯、落花、果腐。

叶片　嫩叶染病大多从叶尖或叶缘开始，初期形成黑褐色、圆形、多角形或不规则形小斑。扩展后或多个小斑融合可形成大的枯死斑，使叶片皱缩扭曲，嫩叶发病严重时，呈快速凋萎状。天气干燥时，枯死斑常开裂、穿孔。病叶常大量脱落，枝条变成秃枝。成龄叶片感病，病斑多呈圆形或多角形，直径小于 6mm，病斑两面生黑褐色小点（即分生孢子盘），在潮湿情况下，分生孢子盘上可出现橙红色的分生孢子堆（图 1-1-1）。

枝条　嫩枝病斑黑褐色，纵向扩展，环绕全枝后形成回枯症状，病部以上的枝条枯死；顶芽受害常呈黑色坏死状；病斑上生黑色的小粒点，为病原菌的分生孢子盘（图 1-1-2）。

花序　侵染花梗形成长条形或不规则形的红褐色或黑色病斑，受害花变成褐色或黑色，最终干枯凋萎、脱落，严重时整个花序枯死，造成花疫（图 1-1-3）。

果实　幼果受害后最初出现红色斑点，扩大后出现近圆形的黑色凹陷病斑或整个果实变黑腐烂，导致大量落果，较大的果实由于自身生理或自我疏果而败育后形成僵果，病原菌在其上营腐生生长并产生大量的分生孢子。发育中期的果实受侵染后果皮上出现近圆形黑色凹陷病斑。在果园，病原菌侵染青果，常在果皮上造成小的红点症状，偶尔在发育后期的青果上也可以看到黑色的炭疽病斑，大量病斑愈合常在果肩上形成大面积粗糙龟裂的黑色炭疽斑块或沿果肩向果尖排列呈"泪痕状"。芒果果实炭疽病更常见发生在采后阶段，果实青熟采收后在贮藏过程中，在果面可见边缘模糊的圆形黑色或褐色的病斑，不同大小的病斑可相互愈合形成大病斑覆盖果面，或常呈现"泪痕"；病斑通常仅限于果皮，在严重的情况下病原菌可侵入果肉。后期，病原菌在病斑上形成分生孢子盘和橙色到粉红色的分生孢子堆（图 1-1-4～图 1-1-7）。

病原学

(1) 病原菌　目前文献报道引起芒果炭疽病的病原菌有两种：一种是胶孢炭疽菌［*Colletotrichum gloeosporioides*（Penz.）Penz. & Sacc.］，又称盘长孢状刺盘孢，属于半知菌类刺盘孢属，是引起芒果炭疽病的主要病原菌，有性阶段为子囊菌门小丛壳属围小丛壳菌 [*Glomerella cingulata* (Stonem.) Spauld et Schrenk]。另一种是尖孢炭疽菌 (*C. acutatum* Simmonds)，又称短尖刺盘孢，有性阶段为尖孢小丛壳菌 (*Glomerella acutata* Guerber & Correll)，较为少见。

(2) 形态 胶孢炭疽菌的分生孢子盘半埋生，黑褐色，圆形或卵圆形，扁平或稍隆起，大小 110～260μm×30～85μm。刚毛深褐色，1～2 个隔膜，直或弯，50～100μm×4～7μm。分生孢子圆柱形、椭圆形，无色，单胞，两端钝圆，中间有一油滴，大小 9～24μm×3～4.5μm（图 1-1-8）。在 PDA 培养基上菌落灰绿色，气生菌丝绒毛状，后期产生橘红色的分生孢子堆。有性阶段通常在培养基上不难产生，子囊壳烧瓶状，有明显的喙，直径 90～152μm，高 104～160μm；子囊大小 41～72μm×8～12μm，单层壁，棍棒形，不成熟的子囊壳中可见侧丝，成熟后侧丝消失；子囊孢子宽肾形、长椭圆形至纺锤形，无色稍弯曲，单行排列，大小 10.5～15.1μm×4.3～7.4μm。尖孢炭疽菌分生孢子单胞、无色、梭形，大小 10.2～16.5μm×2.2～3.6μm，中间有一油滴。它在芒果上产生的症状与胶胞炭疽菌基本相同，二者还存在复合侵染现象。

(3) 生理 胶胞炭疽菌的生长温度范围为 7～37℃，适温 20～31℃，最适温度 28℃，37℃下菌丝生长畸形，分生孢子形成的适温为 25～31℃。pH5～8 适宜病原菌生长，当 pH3 时菌丝生长畸形，菌落边缘呈波浪状；在 pH3～10 范围内均可形成分生孢子，pH3.5～4.5 的环境条件下产孢量最大。分生孢子在相对湿度 100% 的条件下培养 3h 即可萌发，6h 大部分分生孢子萌发，12h 可产生附着胞，在有水膜条件下分生孢子萌发率和附着胞形成率均显著提高。葡萄糖、果糖、蔗糖有利于 *C. gloeosporioides* 的菌丝体生长，淀粉有利于其产孢。分生孢子在蒸馏水中可萌发并产生附着胞，在芒果叶煎汁、葡萄糖液、蔗糖液中其萌发率和附着胞形成率均显著提高。

光照可促进病原菌形成分生孢子。短时（10～30min）太阳光照可诱导菌落大量产生分生孢子。黑暗有利于分生孢子萌发，而光照对分生孢子萌发有一定的抑制作用。在培养基中添加一定量的酵母膏（8～10g/L）对该菌分生孢子形成有明显促进作用。较高的温度环境有利于分生孢子的产生，干燥的环境不利于产孢，但有利于孢子存活。机械损伤也能刺激菌丝体产生分生孢子。紫外线照射不利于分生孢子的存活。

病原菌分生孢子在适宜营养条件下萌发时，可产生 2 种具有不同功能的芽管，一种芽管在其先端形成附着胞；另一种芽管直接转化成分生孢子梗，并在其上产生分生孢子，即该菌有微循环产孢特性。不同菌株间在致病性上存在较大差异，尽管目前尚未发现本菌有生理小种分化现象，但种内存在丰富的遗传多样性，来源于芒果的菌株常被聚为一类。

(4) 寄主范围 据报道，我国南方五省（自治区），此病至少可危害 61 科 160 种植物，常见的寄主有苹果、梨、葡萄、柿、橡胶、胡椒、油梨、香蕉、柑橘、腰果、番石榴、番木瓜、龙眼、荔枝、咖啡、可可等。

病害循环 病原菌主要以菌丝体在芒果病叶、病枝及落叶、枯枝上越冬。据调查，越冬老叶带菌率 51.4%、枝条 18.5%、落叶 21.9%、枯枝 31.4%。病原菌在寄主病残体上可存活 2 年以上。冬季老叶病斑上，存活的病原菌量最低。春雨期间越冬病残体上产生大量分生孢子，通过风、雨、昆虫等传播到花序及嫩梢上，分生孢子在水膜中萌发产生芽管，形成附着胞和侵染钉穿过角质层直接侵入表皮，也可从伤口、皮孔、气孔侵入寄主。发病的幼果和挂在树上的僵果上产生的分生孢子也可以侵染果实或叶片引起再侵染。未成熟的果皮中 5,12 -顺式十七碳烯基间苯二酚、5 -十五烷基间苯二酚、5（7,12 -十七烷二烯基）间苯二酚等取代间苯二酚类抗菌物质含量较高，病原菌暂时停止生长，进入潜伏状态，待果实进入后熟阶段，抗菌物质含量减少到较低水平，病原菌进入活跃的死体营养状态，菌丝迅速生长扩展，致使果面产生坏死病斑，发生采后炭疽病。但采后炭疽病为单循环病害，病斑通常不可能发生从果实到果实的再侵染。

发病条件

（1）气候条件 20～30℃，90％以上的相对湿度最有利于发病。在我国华南与西南芒果产区，每年春秋季芒果嫩梢期、花期及幼果期，温度均适宜发病，此期如遇阴雨连绵或雾大湿度高的天气，病害常严重发生。湿度是左右我国芒果种植区炭疽病发生与流行的关键因子。据报道，16℃以上，每周降雨 3d 以上，相对湿度高于 88％，病害可在两周内大流行。冬、春严寒遭冻害后也易导致病害大流行。

（2）品种抗病性 尽管目前还没有发现免疫品种，但芒果品种间抗病性存在明显差异。台农 1 号在广东、海南表现较高的抗性，白花芒、吕宋芒、金钱芒、扁桃芒、泰国象牙芒、云南象牙芒、粤西 1 号、秋芒、金煌芒、玉文 6 号、海顿芒、圣心芒、凯特芒和陵水芒等中抗；湛江红芒 1 号、红象牙、鹰嘴芒、紫花芒、桂香芒、爱文芒、白象牙芒、肯特芒、印度 2 号和印度 3 号等抗病力较弱。

（3）生育期 叶片最感病的时期是抽芽、开叶至古铜期，淡绿期次之，青绿期的叶片抗病性很强，即使受害，病斑扩展也会受到限制。花期和幼果期较为感病，成熟果易感病，且发病后腐烂迅速。枝条以嫩梢期最感病。

此外，芒果叶瘿蚊（*Erosomyia mangicola* Shi.）危害所造成的伤口容易诱发病害，且其危害状与炭疽病症状近似，应注意区分。

防治方法

（1）农业防治 选用优良抗病品种，同时注意在产前、产后结合化学防治，才能获得满意的防治效果；结合修剪，剪除病枝、病叶，清除园中病残体，集中烧毁或挖沟撒石灰深埋；合理安排种植密度，结合修枝整形，剪除内膛枝，保持果园通风透光；低洼地果园注意排涝，降低果园湿度；幼龄果在化学防治后适时套袋护果。

（2）化学防治 重点保护嫩叶和保花保果。开叶后每 7～10d

喷药一次，直至叶片老化。花蕾抽出后每 10d 喷一次，连续喷 3～4 次，小果期每月喷一次，直至成熟前。供选用的药剂有：25％阿米西达悬浮剂 600～1 000 倍液，或 30％爱苗乳油 3 000～3 500 倍液、75％达科宁可湿性粉剂 500～800 倍液、1％石灰等量式波尔多液、50％的托布津 700 倍液、50％多菌灵 800 倍液、65％代森锰锌可湿性粉剂 600～800 倍液、50％苯莱特可湿性粉剂 1 000 倍液、新近推广的药剂还有烯唑醇、苯醚甲环唑、安泰生、戊唑醇、吡唑醚菌酯和氟吡菌酰胺等。此外，也可使用苯丙噻重氮（BTH）等诱抗剂、藜芦碱等植物源农药、芽孢杆菌等拮抗微生物来防治。干旱地区或夏季高温期应适当降低药剂使用浓度，并避开中午用药，以免对嫩叶、果皮造成药害。

（3）果实采后处理　精选的好果，用 51℃温水浸果 15min，或 54℃温水浸果 5min；也可用 500mg/kg 的苯来特或 1 000mg/kg 多菌灵、42％特克多悬浮剂 360～450 倍液浸果 3min；或用施保克药液（含有效成分 250mg/L）浸泡 30s，然后在含氧量 6％的环境中贮藏。其他化学处理措施，如氯化钙、柠檬酸、草酸或水杨酸处理，壳聚糖涂膜或乙烯受体抑制剂 1-甲基环丙烯（1-MCP）处理等对芒果采后炭疽病都有不同程度的控制作用，其原理可能与抑制果实呼吸速率或乙烯释放，延缓果实成熟，提高果实抗性有关。

2. 芒果蒂腐病
Mango stem end rot

芒果蒂腐病是芒果采后的主要病害，也是世界芒果主产区的主要病害之一，依据病原菌的不同可以细分为芒果球二孢蒂腐病、芒果小穴壳属蒂腐病和芒果拟茎点霉属蒂腐病。常引起芒果果实黑色腐烂。在我国的广东、广西、海南和云南等省（自治区）均有发生。贮藏期病果率一般为 10％～40％，发病严重时达 100％。

症状

（1）芒果球二孢属蒂腐病　较常见的症状是蒂腐。发病初期在蒂部呈暗褐色、无光泽，病健部交界明显，在湿热的贮藏环境条件下，病斑向果身扩展，果皮由暗褐色变为深褐色或紫褐色。同时，果肉组织软化，流汁，有蜜甜味，在 25～34℃下 3～5d 即可导致全果腐烂。病果果皮产生密集的黑色小粒即分生孢子器。同时，也可以危害茎干，先出现褐色病斑，后变黑色，流出胶液，故称为流胶病。病斑扩大环绕枝条后，病部以上部分枯死，造成回枯（图 1-2-1）。

（2）芒果小穴壳属蒂腐病　在黄熟果实上主要症状有 3 种：

蒂腐型　该类型较常见，发生较严重。发病初期在果蒂周围呈现水渍状的浅黄褐色病斑，在高温高湿贮藏环境条件下，病斑迅速向果身扩展，病健交界处模糊，病果迅速腐烂、流汁，病果果皮上出现大量深灰绿色的菌丝体（图 1-2-2）；在湿度较低的条件下，果皮上出现大量小黑点即分生孢子器。

皮斑型　此类型的症状与芒果炭疽病症状相似，发病初期病斑为浅褐色，下凹，圆形，后逐渐扩展，病斑上常见轮纹，后期出现小黑点，在高湿环境条件下，病部可见灰绿色的菌丝体。

端腐型　果端部出现水渍状、暗黑色的病斑，扩展快。此类型在贮藏后期较常见。

（3）芒果拟茎点霉属蒂腐病　在果实上仅表现为蒂腐。发病初期在果蒂周围出现浅黄褐色病斑，扩展较慢，病健部交界明显，果皮表面无菌丝体出现，但剖开病果可见果肉中有大量白色的菌丝体，果肉逐渐软化，有酸味；后期在果皮表面出现小黑点即分生孢子器（图 1-2-3）。

3 种芒果蒂腐病的症状比较

比较项目	芒果蒂腐病的病原菌		
	小穴壳属	球二孢属	拟茎点霉属
危害所占比例	50%	25%	12.5%
发生时期	贮藏期 10d 后	贮藏期 7d 后	贮藏期 10d 后
侵入部位	果蒂、果皮	果蒂、果皮	果蒂

（续）

比较项目	芒果蒂腐病的病原菌		
	小穴壳属	球二孢属	拟茎点霉属
烂果速度	5～10d	3～5d	5～10d
病部颜色	浅褐色、深褐色	黑褐色、紫褐色	褐色
分生孢子器产生方式	散生或集生	集生	散生
病征颜色	浅黄色	黑色	白色至浅黄色

病原学

（1）芒果球二孢属蒂腐病

病原菌　为半知菌类可可球二孢菌（*Botryodiplodia theobromae* Pat.）。

形态　在 PDA 平板上菌落绒状，初为白色至灰色，后变为黑褐色，生长极快，基质由淡黄色转至褐色。子座质地坚硬，截面呈椭圆形，大小 3～5mm×1～3mm。每一个子座一般含有 1～6 个卵圆形或椭圆形的分生孢子器，大小 150～550（310）μm×110～380（210）μm。分生孢子梗 26.1×5.0μm，无色，单生无隔，前端尖细。未成熟的分生孢子呈椭圆形或卵圆形，少数基部平截，单胞无色，壁厚，内含物颗粒状。成熟分生孢子大小为 24.2～37.5μm×10.0～16.3μm，黑褐色，椭圆形，有一横隔，少数表面有纵纹（图 1-2-4）。

生理　该菌在 13～40℃均可生长，适温为 19～37℃，28～34℃最适宜，低于 10℃或高于 43℃时停止生长。最适宜生长的 pH 范围为 5.0～5.5。子座形成需要光照。

（2）芒果小穴壳属蒂腐病

病原菌　为半知菌芒果小穴壳菌（*Dothiorella dominicana* Pet. et Cif.）。

形态　在 PDA 平板上菌落平铺，初期暗灰绿色或灰黑色，后转黑褐色至黑色，生长快，基质灰黑色转黑色，菌丝体不旺盛，

26～28℃在 PDA 上培养，约 15d 可产生分生孢子；病果皮上菌丝体旺盛、深灰绿色，菌丝较细；子座质地坚硬，内含 1 至多个分生孢子器，分生孢子器球形，大多数集生，极少数单生，大小为100～250μm。分生孢子大小为 14.2～27.3 （20.3）μm×4.0～7.3（5.7）μm，长梭形或倒棒形，单胞，无色（图 1 - 2 - 5）。

生理 该菌适温为 19～37℃，25～34℃最适宜，低于 10℃或高于 43℃时停止生长或生长很慢。在相对湿度 100％和温度适宜时3h 分生孢子即可萌发，9h 孢子发芽率大于 80％。最适宜生长的pH 为 3.5～5.5。子座形成需要光照。

（3）芒果拟茎点霉属蒂腐病

病原菌 为半知菌类芒果拟茎点霉菌（*Phomopsis mangiferae* Ahmad.）。

形态 在 PDA 平板上菌落白色薄绒状、平展，生长中速，基质初白色后呈淡黄色，后期长出黑色小粒状的分生孢子器。分生孢子器单生，质硬，扁球形或三角形，大小为 125～300μm×135～175μm。分生孢子梗分枝，产孢细胞瓶梗型。分生孢子单胞，无色，多数近梭形，少数椭圆形。根据形态的不同可分为两种类型：α 型分生孢子和 β 型分生孢子。前者多近梭形，大小为 6.3～7.5×1.9～2.6μm，后者为线形，大小为 20～30μm×0.8～1.0μm（图1 - 2 - 6）。

生理 该菌在 9～31℃均可生长，25～31℃最适宜，低于 13℃或高于 34℃时停止生长。pH4～10 生长良好，最适宜生长的 pH为 6.0～6.5。光照可诱导分生孢子器的形成。

病害循环 病原菌以菌丝体或分生孢子器在树皮、枯枝和落叶上，或以菌丝体潜伏在寄主体内越冬。翌年环境条件适宜时，分生孢子自分生孢子器涌出，经雨水溅射或昆虫活动进行传播，潜伏在果实上，待果实近成熟或成熟即表现出症状。

发病条件

（1）采收前后的气候条件 采摘期的气温在 25～35℃有利于该病害的发生。在常温贮藏的情况下，用聚乙烯薄膜袋单果或数果小包装，袋内湿度大，果实从发病到全果腐烂仅需 3～5d。在台风暴雨频繁的季节，台风极易扭伤果柄或擦伤果皮，病原菌的分生孢子易从伤口侵入，发病往往较重。而早熟品种收果期早而避过台风暴雨，果柄或果皮的伤口少而蒂腐病较轻。

（2）**采收方式** 果实采收时留短果柄并及时进行采后处理的病果率低，不留果柄或采后不及时处理的果实病果率高。采收贮运过程中机械损伤多或虫伤多易发病。此外，采收前如喷施硝酸钙、氯化钙等含钙化合物，往往加重蒂腐病的发生。

防治方法

（1）**搞好果园卫生，减少初侵染源** 果园修剪后应及时清除枯枝烂叶，修剪时应尽量贴近枝条分枝处剪下，避免枝条回枯。

（2）**拔除病株** 苗期发病应及时拔除病株，病穴淋灌 1 000 倍液的高锰酸钾或硫酸铜。

（3）**正确采收** 果实采收时采用"一果二剪"法，可降低病原菌从果柄侵入的速度和概率。所谓"一果二剪"，即在果园采收时的第一次剪，留果柄长约 5cm，采后到加工场处理前进行第二次剪，留果柄长约 0.5cm。放置时果实蒂部朝下，以防止胶乳污染果面。每剪 1 次都须用消毒剂（75％酒精）蘸过果剪。采果前不要施用含钙化合物如含钙叶面肥等。

（4）**采后药剂处理** 果实采后处理可考虑结合炭疽病的防治进行，采用 45％特克多胶悬剂 500 倍液进行 52℃ 热药处理 5min 或 45％咪鲜胺乳油 500～1 000 倍液常温（30～32℃）浸果 2min。

（5）**采后植物激素处理** 采用一定浓度的植物激素（如赤霉素，比久）涂抹果蒂，虽不能明显推迟果实后熟进程，但能保持果蒂青绿，这对降低蒂腐病的病果率有一定的作用。

（6）**冷藏** 将采收处理后的果实置于 10～13℃贮藏也可延缓本病的发生和发展。

3. 芒果细菌性黑斑病
Mango bacterial black spot

芒果细菌性黑斑病又称细菌性角斑病或溃疡病。在非洲、亚洲和澳大利亚均有发生，是欧盟列举的重要的危险性有害生物。在我国台湾、广东、广西、云南、海南、福建和四川攀枝花等主产区普遍发生，一般造成产量损失达 15％～30％，严重时达 50％以上。常造成早期落叶，果实受害对其商品价值影响较大，同时芒果炭疽病原菌、蒂腐病原菌常从病斑裂口处侵入果实，导致贮藏期大量烂果。2007 年我国也将其列入进出境检疫性有害生物名录。

症状　主要危害芒果叶片、枝条、花芽、花和果实。

叶片受侵染初生水渍状小点，逐步变成黑褐色，扩展后病斑边缘常受叶脉限制而呈多角形或不规则形，有时多个病斑融合成较大的病斑，病斑表面隆起，呈亮黑色，背面颜色较浅，周围常有黄晕，后期病斑有时变成灰白色；叶片中脉及叶柄也可受害纵裂；重病叶易脱落，病斑周围叶片组织仍保持绿色（图 1-3-1，图 1-3-2）。

果实受侵染初生暗绿色、水渍状、针头大的小点，扩展后变成黑褐色、隆起、圆形或不定形病斑，病部中央常呈星状开裂，流出琥珀色或黑褐色胶液，如经雨水溅散，雾、露滴流淌，在果面常形成条状，微黏的污斑（图 1-3-3）。病果终至腐烂，但腐烂速度比芒果炭疽病、蒂腐病慢。

幼梢、果柄常出现棱形纵向溃裂，病斑边略隆起，状如火山口，常渗出胶液，后变黑色；枝条上形成开裂流胶黑色大病斑，扩展环绕枝条造成枝枯。在花序主轴和分枝上，形成长条形黑褐色病斑，有时流胶（图 1-3-4，图 1-3-5）。

芒果细菌性黑斑病与炭疽病、疮痂病于发病初期易混淆。炭疽病斑近圆形，病斑边缘明显，中央稍凹陷色浅，边缘色深。疮痂病斑隆起明显，中央凹陷，但不纵裂也不流胶，组织木栓化，颜色浅；而细菌性黑斑病斑呈星状开裂，且裂口较深，流出黏质物，病斑颜色较深，果实后熟后病斑一般不会扩展导致软腐。

病原学

(1) 病原细菌 薄壁菌门黄单胞菌属野油菜黄单胞芒果致病变种 ［*Xanthomonas campestris* pv. *Mangiferaeindicae* （Patel, Moinz et Kulkarni) Robbs, Ribeiro et Kimura］。

(2) 形态 菌体短杆状，大小 $0.3\sim0.6\mu m \times 0.9\sim1.6\mu m$，不产生芽孢，无荚膜，多数单个排列，革兰氏阴性，鞭毛单根极生。病原细菌在营养琼脂（NA）平板培养 72h，菌落圆形，乳白色或黄色，稍隆起，表面光滑，有光泽，边缘完整，大小 $1.0\sim1.5$mm，在 NA 和 Wakimoto（PSA）培养基上，生长中等，菌落圆形，表面光滑，白色至乳白色，液面环状（图 1-3-6）。

(3) 生理 King's B 平板培养 $24\sim72$h，在 365nm 紫外线照射下菌落不发亮，培养基亦不呈黄绿色。菌体在含 1‰～2‰食盐的 NA 培养液中培养 72h，生长良好，培养液呈混浊状，但不能在含 3‰以上食盐的 NA 培养液中生长。菌体接种于 NA 培养液置 36℃下不能生长，培养液澄清；在 22℃下培养，菌体能生长，培养液稍浑浊；在 $27\sim32$℃下培养，生长良好，最适生长温度 28℃，培养 72h 培养液混浊不透明。能使葡萄糖氧化产酸，属呼吸型代谢，能利用阿拉伯糖、果糖、半乳糖、甘露糖、蔗糖、乳糖、麦芽糖、棉子糖、海藻糖、甘露醇、木糖、山梨糖和甘油，并使其产酸但不产气，不能利用山梨醇、菊糖和水杨苷产酸。能利用柠檬酸盐、琥珀酸盐作为唯一碳源，并使其呈碱性反应，但不能利用酒石酸盐、草酸盐、乳酸盐作为唯一碳源。氧化酶反应阴性，过氧化氢酶阳性，脲酶阳性，脂肪酶阴性，能使淀粉水解，明胶液化，石蕊牛乳冻化、产氨、产硫化氢，不产吲哚，硝酸盐还原阴性，不产生果聚糖。在巴西、南非等地分离到产生黄色素的菌株，但其致病性较弱。

(4) 生理分化 Some 等人利用酯酶（EST）、磷酸葡萄糖变位酶（PGM）和超氧化物歧化酶（SOD）三种同工酶系统，将来自 8 个国家 3 种不同寄主作物的 26 个芒果细菌性黑斑病菌菌株进行了同工酶多样性研究，结果鉴定了 4 个菌群：①来自大多数国家的芒果和胡椒树的无色素菌群；②来自巴西芒果的无色素菌群；③来自法国西区加椰芒果的无色素菌群；④来自不同地区芒果的黄色素菌群。Gagnevin 利用水稻白叶枯病菌（*X. oryzae pv. oryzae*）*hrp* 基因簇作为探针，对芒果细菌性黑斑病菌进行了 RFLP 分析，分群结果与 Some 等人报道的一致；Pruvost 利用 API 细菌鉴定系统测定了 68 个芒果细菌性黑斑病菌对碳水化合物的利用情况，以及对抗生素和重金属的敏感性，将芒果细菌性黑斑病菌分为 10 个菌群，总的分群结果与 Some 等人的同工酶系统、Gagnevin 的 *hrp* - RFLP 分群结果相一致。

（5）寄主范围　该病原细菌除侵染芒果外，还可能侵染腰果、巴西胡椒、加椰芒果和槟榔青等漆树科植物，人工接种还可以侵染野芒果和紫薇科植物。

病害循环　病原细菌潜伏在病叶、病枝条、病果内、果园内外杂草上越冬，尤以病秋梢为主，翌年借雨水溅射传到新生的器官组织上，从伤口或水孔、气孔、皮孔、蜡腺、油腺等自然孔口侵入发病，芒果结果后又经风雨传播到果实上危害，潜育期随品种和种植区的气候条件不同而不同，一般为 5～15d。贮运中湿度大时，接触传染，导致大量果实发病。远距离传播主要是带菌苗木、接穗和果实等。

发病条件

（1）气候条件　高湿和凉爽的温度（15～20℃）有利于病原细菌越冬存活，但高湿和温暖（25～30℃）的条件有利于发病。台风雨过境，常常在嫩梢、嫩叶上造成许多伤口，为病原细菌的侵入提供了便利的途径。所以，每次台风之后，常导致芒果细菌性黑斑病大暴发，尤其是地势开阔的低洼地受水浸之后，发病更重，避风、地势较高的果园发病较轻。常风较大的地区，枝叶和果实相互摩擦造成伤口，在降雨和露水重的天气条件下，也容易发生细菌性黑斑病。

（2）品种抗病性 尚无免疫品种，印度品种 Peter Alphenes、Muigea Nangalora、Neclum Baneshan 较感病。国内广西本地土芒、广西 10 号芒、桂热 10 号芒、贵妃芒、凯特芒、金煌芒易感病、紫花芒、桂香芒、绿皮芒、串芒、台农 1 号芒和粤西 1 号中抗，红象牙芒比较抗病。据报道抗病品种的酚类化合物、黄酮类化合物、总糖及氨态氮含量均较高。

防治方法

（1）种植抗病品种 在重病区可考虑种植上述比较抗病的品种。

（2）果园四周种植防风林 在沿海地带或平坦易招风的果园营造防风林或设置风障，一般 3.3～6.6 hm² 果园四周营造一片防护林带较适宜，或直接在林地开辟果园，利用天然林带防风。

（3）做好预防工作 新果园尽量选健康无病苗木，或及早剪除病叶，雨季定期喷洒波尔多液或其他铜制剂预防。果园与苗圃最好分开，尽量不要在投产果园行间育苗。引进的种子、实生苗、接穗做好检疫工作，或先做消毒处理后再进入苗圃。

（4）清洁果园 结合采后修剪，彻底清除枯枝落叶，集中烧毁或撒石灰深埋。台风雨后及翌年春雨前再清园一次，发病严重的果园可重剪后换冠。

（5）化学防病 在修剪后以及台风雨前后喷药保护果实、幼叶、嫩枝不受侵染。可选用的药剂有 1％等量式波尔多液、72％农用链霉素 4 000 倍液、77％可杀得可湿性粉剂 600 倍液、30％氧氯化铜＋70％甲基硫菌灵（1∶1）800 倍液、3％中生菌素 1 000 倍液、20％噻菌铜 700 倍液、2％春雷霉素 500 倍液。其他药剂还有喹啉铜、辛菌胺、氯溴异氰尿酸等。使用农用链霉素时加入黄原胶增效剂效果更佳。

此外，用苯并噻二唑（BTH）可有效地诱导出对芒果细菌性黑斑病的抗性。还有人筛选到芽孢杆菌等生防菌株，在田间使用有一定的防治效果。

4. 芒果白粉病
Mango powdery mildew

芒果白粉病是一种分布广泛且危害较严重的病害，该病于1914 年在巴西首次报道，在我国海南、广东、广西、云南和四川等芒果产区均有分布，属常发性主要病害。海南省以南部、西南部发生较为普遍。本病主要危害花序和幼果，造成大量落花、落果，降低产量。据调查，该病在海南省西南部的流行年份花序发病率100%，病情指数 60%～70%，造成大量的落花、落果，使产量损失 5%～20%，个别年份甚至全部失收。

症状　本病主要危害花序、幼果、嫩叶和嫩枝。发病初期病部的器官出现少量分散的白色小粉斑，病斑扩大愈合后形成一层白色粉状物。最后，感病组织变褐，病部组织坏死。

花序　花序特别感病，发病时，花蕾停止开放，花瓣和花柄变黑枯死，花蕾大量脱落，在病部覆盖一层白色粉状物。花序基部首先变为黑褐色，逐渐整个花枝变褐，最后脱落（图 1-4-1，图 1-4-2）。

叶片　嫩叶容易发病，老叶较少发病。发病初期首先在叶背出现浅灰色斑，上面覆盖一层稀疏的白粉，随病斑扩大，叶片上的白粉逐渐增多，最后布满整个叶片。发病严重时叶片常扭曲畸形，最后脱落。条件不适宜时，病斑停止扩展，形成褪绿色斑或红褐色的坏死斑，影响叶片的正常生长（图 1-4-3，图 1-4-4）。

幼果　常危害幼果，青果一般不发病。发病时表面产生白粉病斑，随着果实的发育，幼果和果柄变褐色，常在豌豆大小时脱落，对产量影响很大（图 1-4-5）。

病原学

（1）病原　无性阶段为半知菌类芒果粉孢菌（*Oidium mangiferae* Berthet）。有性阶段为子囊菌门菊科白粉菌（*Erysiphe cichoracaerum* DC.），国内芒果上尚未发现有性阶段。

（2）形态 菌丝体寄生在寄主表面，无色，有分隔，以吸器侵入寄主体内吸收营养。分生孢子梗直立，单生，长度 $64\sim163\mu m$。分生孢子卵圆形，无色透明，常串生在分生孢子梗的顶端，大小为 $30\sim42\mu m\times15\sim21\mu m$（图 $1-4-6$）。

（3）生理 芒果白粉菌属于专性寄生菌，不能在死亡的组织上存活。目前尚不能用人工培养基繁殖培养。病原菌分生孢子萌发的温度范围为 $9\sim32℃$，最适宜温度为 $23℃$。湿度对病害的影响较小，相对湿度在 $0\sim100\%$ 分生孢子均可萌发，但相对较高的湿度更利于孢子萌发。

病害循环 病原菌以菌丝体或分生孢子在寄主叶片和幼嫩枝条上越冬，当环境条件适宜时，病组织上即可产生大量的分生孢子，借助气流传播到寄主幼嫩组织上，分生孢子萌发时长出芽管和附着胞，附着胞前端产生侵入丝，侵入寄主表皮细胞并在其内形成吸器，吸收寄主的营养物质。同时在菌丝上产生大量分生孢子梗和分生孢子，借助气流进行再传播，形成再侵染。在适宜的环境条件下，病害的潜育期为 $3\sim5d$。

发病条件

（1）温湿度 温度是影响芒果白粉病流行的主要条件。月平均气温为 $21\sim23℃$ 时，最有利于白粉病的发生。在华南地区，一年中芒果白粉病的发生一般早于芒果炭疽病，1 月下旬至 2 月中旬开始发病，$2\sim4$ 月芒果抽叶开花期为本病盛发期。湿度对白粉病发生影响较小，但 70% 以上的相对湿度往往有利于病害的发生，因为较高的湿度不仅有利孢子萌发，同时也可延缓芒果叶片的老化速度，从而有利于病原菌的侵入。在温度适宜的环境条件下，有时干旱地区发病也很严重。

（2）物候期 该病主要危害芒果的幼嫩组织。在叶片上主要发生在嫩叶期。在开花季节可严重危害花序和花柄。危害果实主要在幼果期，青果和熟果期不危害。因此，每年芒果开花的季节，此时气候较为凉爽，往往也是发生流行的季节。

（3）品种抗性 不同品种对白粉病的抗病性有差异，以象牙芒最感病，留香芒次之，秋芒和青皮芒最抗病。

（4）栽培管理 大量施用氮肥，造成枝叶幼嫩，往往有利于白粉病的发生和流行。

防治方法

（1）选用抗病品种 在白粉病流行地区，应选用抗病品种，如种植留香芒、秋芒和青皮芒。

（2）合理施肥 在栽培管理上应增施有机肥和磷钾肥，避免过量施用氮肥。特别是在芒果开花结果季节更应注意施肥的合理性。

（3）化学防治 化学药剂是防治本病的主要措施。在开花初期和幼果期开始喷药，间隔期 15～20d。常用药剂有：20％三唑酮乳油 1 000～2 000 倍液、15％三唑酮可湿性粉剂 1 000～1 500 倍液、硫黄胶悬剂 200～400 倍液、70％甲基硫菌灵可湿性粉剂 600～800倍、10％苯醚甲环唑水分散剂 800～1 500 倍液、12.5％烯唑醇可湿性粉剂 2 000 倍液等。

5. 芒果疮痂病
Mango scab

疮痂病是芒果的常见病害，最早于 1942 年从古巴和美国佛罗里达州采集的标本上发现该病。此后，国外几乎所有的芒果产区，包括墨西哥、西印度群岛、危地马拉、洪都拉斯、萨尔瓦多、巴西、委内瑞拉、哥伦比亚、关岛、印度、泰国、菲律宾、澳大利亚、加纳、几内亚、科特迪瓦等国家或地区，都有该病的发生记载。澳大利亚于 1997 年发现芒果疮痂病，被列为检疫对象。我国于 1985 年在广州发现该病害，目前在我国广东、海南、广西等地的个别品种上发生较为严重。该病害在我国曾被列为检疫对象，现已取消。芒果疮痂病发生严重时，幼果容易脱落，留在树上的果实果皮上布满病斑，粗糙不堪，对果实产量和品质影响很大。在菲律宾，该病危害造成的淘汰果率达 20％ 以上。

症状 疮痂病主要侵染幼嫩的叶片、枝条、花序、果柄和果实，症状因芒果品种、侵染部位、组织的幼嫩程度、植株长势而有变化。

叶片　在叶片上常形成近圆形灰褐色病斑，大小多1～3mm，具明显的黄色晕圈，病斑粗糙开裂，中央略凹陷，背面略凸起，颜色较深，后期变成软木状，有时形成穿孔。叶缘发病常导致叶片扭曲畸形和缺刻。在潮湿的环境条件下，嫩叶上形成大量褐色坏死斑。叶片背面主脉受侵染，病斑沿叶脉扩展，形成较大的黑色长梭形病斑，病斑中央沿叶脉开裂，后期病斑呈灰色软木状。在病斑上产生灰褐色绒毛状霉层，即病原菌的分生孢子梗和分生孢子。病害严重时，枝条和叶片上病斑密集，容易产生落叶（图1-5-1）。

果实　侵染幼果在果面产生黑色的小坏死斑，严重侵染导致落果。在台农和贵妃等品种上，随着果实长大，小坏死斑稍有扩展，中央灰褐色，边缘黑色，稍凸起，逐渐发展为浅褐色的疮痂样或疤痕状小病斑，中央常开裂，略有凹陷，在潮湿的环境中，病斑中央有灰褐色霉状物。病斑中央的疮痂样组织容易揭去。大量小病斑可以相互愈合产生较大的不规则粗糙斑块。在桂热82号和金煌等品种上，有时则产生褐色的小病斑或较大面积的褐色粗糙斑块。较大的疮痂斑块往往造成果皮组织不能正常生长而凹陷，最终导致果实畸形。严重时整个果面布满疮痂斑块，果皮呈灰色或灰褐色的软木状（图1-5-2，图1-5-3）。疮痂病早期症状容易与药害或炭疽病黑色病斑相混淆，但炭疽病不会形成疮痂样病斑，而疮痂病斑在果实成熟后不会扩展导致果实软腐，但疮痂病严重的果实容易发生采后炭疽病。疮痂病粗糙的疤痕有时会被误认为是果皮擦伤。

枝条　疮痂病原菌侵染幼嫩的枝条，形成大量略微凸起褐色或灰褐色近圆形或椭圆形病斑，病斑边缘颜色较深，大小1～2mm，天气潮湿时，病斑中央有浅褐色霉层（图1-5-4）。在干燥的环境中，病斑较小，颜色较深。大量病斑相互愈合形成较大的疮痂斑块，病组织呈浅褐色软木状，粗糙开裂。

花序　花序主轴和侧枝、果柄发病，产生与枝条上相似的症状（图1-5-5）。

病原学

（1）**病原菌**　芒果疮痂病由真菌侵染引起，其有性阶段为芒果痂囊腔菌（*Elsinoë mangiferae* Bitancourt et Jenkins），属子囊菌亚门，其无性阶段为芒果痂圆孢菌［*Sphaceloma mangiferae*，异名 *Denticularia maniferae*（Bitanc. & Jenkins）Alcorn，Grice & R. A. Peterson］属半知菌亚门。

（2）**形态**　病原菌有性阶段不常见，仅在美洲有过描述。病原菌在寄主表皮下产生褐色的子囊座，大小为 $30\sim48\mu m\times80\sim160\mu m$，子囊球形（$10\sim15\mu m$），不规则着生，含 $1\sim8$ 个无色的子囊孢子，大小 $10\sim13\mu m\times4\sim6\mu m$，子囊孢子具三隔，中间隔膜缢缩。分生孢子盘大小不一，褐色，有时呈分生孢子座形。分生孢子梗直立或稍弯曲，单生或簇生于分生孢子盘上，大小为 $12\sim35\mu m\times2.5\sim3.5\mu m$，基部加宽，瓶梗式产孢，分生孢子单生或偶有两个串生；分生孢子单胞或有一个分隔，卵形或椭圆形、纺锤形或筒状，有时略弯，孢壁光滑，无色或淡褐色，少数具油球（图 $1-5-6$）。

病原菌在 PDA 培养基上生长缓慢，在 $25℃$ 下培养两周，菌落直径仅为 $25\sim35mm$，继续培养 3 周后，菌落基本停止生长。菌落圆形或近圆形，深葡萄酒色；气生菌丝稀少，绒毛状至粉末状、长 $2\sim3$ mm，初为白色，后为淡红色；菌落的中间凸起并螺旋，表面布满褶皱，边缘部分暗黄色，完整或者呈扇形，在菌落周围有黏性水样液体，表面覆盖着许多透明的小液珠，这些小液珠在后期变得很黏，菌落周围的培养基也变成淡红色。菌落背面为黑色，中心部位有明显的凹陷，培养基正反面边缘淡红色，靠近菌落的基质变为淡红色，边缘为白色。在 PDA 培养基上极少产生分生孢子。

（3）**生理**　$12\sim33℃$ 条件下均能产孢，最适宜产孢温度为 $28℃$。分生孢子萌发的温度范围为 $12\sim37℃$，最适宜温度为 $28℃$，萌发需要液态水存在或 100% 的相对湿度。

（4）**寄主范围**　目前所知芒果是该病原菌唯一寄主。

病害循环　芒果疮痂病原菌可以产生分生孢子和有性孢子，但有性孢子少见，因此，无性阶段的分生孢子在侵染和病害传播中扮演着重要角色。病原菌以菌丝和分生孢子盘在病株上存活，在潮湿的环境条件下，产生分生孢子借助风雨传播，引起新梢和嫩叶发病，并随着抽梢，不断产生再侵染；开花后，引起花序和果柄发病；坐果后，病原菌由发病的枝条、叶片、花序、果柄随风雨传播到果实，产生果实疮痂症状，果实病斑上产生的分生孢子也可以引起果实再侵染。在有遮盖的环境和有风潮湿的天气条件下，病害可传播 4m 多的距离，在果园敞开的环境中，扩散距离可能更远，随种苗可远距离传播。

发病条件

（1）寄主物候　病原菌主要侵染叶片、枝条、花序、果柄和果实的幼嫩组织，随着组织老化，抗病性逐渐增强。因此花期、幼果期和抽梢期是病害发生的关键时期。

（2）气候条件　分生孢子萌发和侵染需要自由水存在，多雨、多雾、露水重等潮湿温和的天气有利于病原菌产孢和病害发生。韦晓霞在福建的调查发现，福州全年的温度、湿度条件均适宜疮痂病发生，但温度和湿度对病害发生的影响程度不同，湿度对病害发生程度的影响明显，特别是降雨对病害发生的影响很显著，而温度对病害发生的影响不明显。因此，影响此病发生流行的主要因素是叶片、枝梢、花序或果实生长的幼嫩程度和期间的相对湿度。该病害在海南的发生规律与此相同，全年 1～12 月均可发生，在易感病的物候期遇到多雨、多雾、露水重等潮湿的天气条件，病害发生程度就重。

（3）品种抗性　根据观察，海南主栽品种贵妃和台农比较感病；在广东，本地土芒最感病，紫花芒、桂香芒和串芒次之，红象牙芒较抗病；在广西，桂热 82、凯特等品种比较感病。

防治方法

（1）选用无病种苗和接穗　目前的主栽品种多不抗病，新植果园尽可能选择健康种苗栽植，老果园高接换冠也要选择健康无病的接穗。

　　（2）**清除病残体**　结合每次修剪，彻底清除病枝梢，清扫残枝、落叶、落果，集中销毁。

　　（3）**其他栽培防病措施**　加强水肥管理，促进果园抽梢和开花整齐；避免过量或偏施氮肥，补充适量钾肥，促进新梢或嫩叶老化，增强组织抗病能力；在第二次生理落果后及时套袋护果。

　　（4）**化学防治**　苗圃以保梢叶为主，结果园以保果为主。结果园开花前可用波尔多液（1∶1∶100）喷雾预防，开花结果期可用70％代森锰锌可湿性粉剂 700～1 000 倍液或 30％氧氯化铜胶悬剂800 倍液喷雾保护；抽梢期用 30％氧氯化铜胶悬剂 800 倍液或波尔多液（1∶1∶100）喷雾保护。潮湿的季节，每次抽梢施药 1～2次，幼果期施药 2～3 次，施药间隔 10～15d。

6. 芒果畸形病
Mango malformation disease

　　芒果畸形病又称芒果丛芽（花）病、芒果簇芽（花）病。该病于 1891 年首次在印度发现，目前在马来西亚、巴基斯坦、埃及、南非、巴西、以色列、墨西哥、美国、苏丹、阿曼苏丹国、古巴、乌干达、委内瑞拉、斯威士兰、尼加拉瓜、萨尔瓦多、澳大利亚、孟加拉国和阿拉伯联合酋长国等国家均有发生。芒果畸形病在我国四川省攀枝花市和云南省华坪县部分芒果园已发生多年，2009 年周俊岸等报道在广西也发现了芒果畸形病，但随后即被铲除，其他地区尚未发现。该病主要危害嫩梢和花序，病花序几乎无法结果。印度一芒果园连续 3 年对该病害的危害所做的一项调查发现，因花序畸形导致的产量损失高达 86％；在印度北部，超过 50％的芒果树受到该病危害，产量损失巨大。在南非 73％的芒果园存在该病，株发病率可高达 70％。在巴西的圣弗朗西斯科河流域，一些果园株发病率甚至高达 100％。在我国四川攀枝花和云南省华坪县部分发病严重的芒果园，株发病率高达 100％，导致大部分枝条无法结果，造成严重经济损失。

症状 根据受害部位不同，芒果畸形病可分为营养器官畸形和花序畸形。

营养器官畸形多发生在幼苗，在结果树上也很常见。幼苗上的典型症状是植株顶端优势丧失，导致叶腋或顶芽大量发生、膨大并产生大量的嫩芽，导致嫩枝丛生，呈束状生长，叶片变小；成龄果树的枝条被感染后，其侧芽也会萌发，并成束生长呈"扫帚"状，最后干枯，但是在下个生长季节仍会过度萌发，畸形芽常发生在被枝剪的部位（图1-6-1～图1-6-3）。畸形芒果苗的根系浅且三级侧根少于正常苗。幼苗早期（3～4个月）受感染后植株保持矮小直到最后干枯；后期被感染的幼苗发育受抑制但仍可继续生长。发病程度严重的成龄果树发育不良，植株矮小。

花芽分化紊乱常出现不正常的开花坐果现象，如挂果期长出花序、抽梢期开花等。在通常情况下，表现营养器官畸形的枝条将会产生畸形的花序。发病的花序整个或部分畸形，相比于正常花序（图1-6-4），花数明显增加，花轴变短、变粗，小花簇拥在一起，呈现盘状或花椰菜状，最后焦枯死亡（图1-6-5，图1-6-6）。畸形花序虽然会产生更多的小花，但大部分小花并不开放，而且不育花的比例增加，两性花的雌蕊通常丧失功能，花粉发育能力差，导致畸形花序几乎不能坐果，即使结果，果实也不能正常发育长大。

病原学

(1) 病原（病因） 自芒果畸形病报道以来，该病究竟是生理性病害还是侵染性病害或者由螨类危害引起的畸形，学术界一直争论不断，自20世纪80年代以来，越来越多的试验证实，该病是由镰刀菌引起的侵染性病害。目前，通过柯赫法则验证的芒果畸形病原菌至少有：*Fusarium subglutinans*、*F. mangiferae* 和 *F. sterilihyphosum* 3种。*F. proliferatum* 在马来西亚和 *F. oxysporum* 在墨西哥也被报道与芒果畸形有关。从四川省攀枝花市和云南省华坪县两地芒果园取样，通过组织分离和柯赫法则验证，病原菌形态学鉴定、ITS序列、β-tubulin 和 α-elongation factor 等基因序列分析等辅助鉴定，明确发生在四川攀枝花和云南华坪的芒果畸形病原菌有两种，即层出镰刀菌 *F. proliferatum* 和芒果镰刀菌 *F. mangiferae*。

（2）**形态**　Zafar Iqbal 等人（2008）对 *F. mangiferae* 的形态特征进行了详细的描述。*F. mangiferae* 在 PDA 培养基上，菌落在 25℃下的平均增长率为 3.4mm/d。气生菌丝白色，絮状，菌落背面浅黄色至暗紫色，并有玫瑰红色的小点。产孢梗合轴分枝，单或复瓶梗上产生分生孢子，复瓶梗有 2～5 个产孢口。小型分生孢子形状上有变化，大多是倒卵球形，偶尔椭圆形，小型分生孢子多单胞，少数双胞，大小为 4.3～14.4（9.0）μm×1.7～3.3（2.4）μm。分生孢子座奶油色或橘黄色。大型分生孢子长且细，通常具 3～5 个隔膜：43.1～61.4（51.8）μm×1.9～3.4（2.3）μm。无厚垣孢子。*F. proliferatum* 在 28℃PDA 培养基上光暗交替条件下培养 7d，气生菌丝棉絮状，白色至浅粉红色，基物无色。培养后期，菌落颜色逐渐加深至深紫色。PDA 培养基上产生少数大型分生孢子，瘦长，直立，两端略微弯曲；顶端细胞尖端弯曲呈鸟喙状；足胞不明显，多数具 3 个隔膜，3 隔膜大小为 19～22μm×1～3μm。PDA 培养基上小型分生孢子数量极多，形状多样，多为卵圆形、肾形、纺锤形等；多假头状着生；隔膜数 0～2 个，大小为 2～17μm×0.5～4μm。产孢细胞单瓶梗或复瓶梗，较短。无厚垣孢子，未见有性态，亦未见菌核产生（图 1-6-7，图 1-6-8）。

（3）**生理**　病原菌 *F. proliferatum* 生长的最适温度为 24℃，最适 pH10；孢子萌发最适温度为 24℃，最适 pH5。病原菌能够利用常见的多种碳源和氮源生长，其中碳源以果糖最好，氮源以蛋白胨最好；连续光照处理菌丝生长速率高于交替光照或持续黑暗处理；分生孢子的致死温度为 55℃，20min 或者 60℃，5min。

（4）**寄主范围**　目前发现芒果（*Mangifera indica*）是病原菌 *F. mangiferae* 的唯一寄主。尚不清楚 *Mangifera* 属其他种或漆树科其他相近属种是否为其寄主。

病害循环　关于该病害的侵染循环，目前还不完全清楚。研究表明，病害的侵染模式为系统性侵染，可在木质部和韧皮部等组织中扩散。该病传播速度较慢，在一苗圃进行的跟踪调查显示，就丛芽发生率而言，在第一年发病率最高的地块在随后的几年里仍表现出最大的发病率。枯死的病花和病枝上可产生大量的分生孢子，分生孢子借助气流或昆虫在果园传播，反复引起侵染。也有文献认为病害可能土传。试验表明，病原菌只能通过伤口侵入芒果组织，树体之间的接触，暴雨，冰雹，鸟类，昆虫、螨类或人为造成的机械伤口均有可能为病原菌提供侵染途径，已证实瘿螨（*Aceria mangiferae*）可促进病害的传播和侵入。嫁接也在该病害传播上起着重要的作用，带菌的接穗和苗木有助于病害向新果园中的传播蔓延，特别是远距离扩散。

发病条件

气候条件　气候特别是开花期的环境温度对病害的发生和严重程度有明显的影响。在埃及，春梢和花序病害发生最为严重，其次是夏梢和秋梢。在印度，气候显著影响病害的发生，在气候较温暖的南部地区，病害发病率低，而开花前环境温度较低的地区，病害发生较为严重。在美国佛罗里达州，潮湿的环境有利于病害的发生。在墨西哥的田间调查数据表明，发病率的变化与冠层捕获的 *Fusarium sp.* 大型分生孢子的数量（$r=0.90$，$P=0.0001$）、风速（$r=0.83$，$P=0.0001$）成正比；营养器官畸形率高峰发生于大量抽梢期；营养器官畸形积累量与日平均最高温度（$r=-0.68$，$P=0.01$）、每小时平均温度（$r=-0.59$，$P=0.04$）、相对湿度大于 60%的小时数（$r=-0.82$，$P=0.001$）成反比，与风速（$r=0.94$，$P=0.0001$）成正比；最大的分生孢子数量出现在雨季，并与风速（$r=0.812$，$P=0.0001$）成正比。显示果园小环境对病害发生发展有重要影响，风有助于分生孢子释放和传播；抽梢和开花季节，病害发展受到高温限制，当日最高温度高于 33℃，每小时平均温度高于 25℃时，发生率不再增加。最新的研究结果表明，15℃以下的低温，可以诱导植株产生胁迫乙烯，可能导致芒果出现畸形症状，而 *F. mangiferae* 也可以在离体条件下产生乙烯。在海南，通过人工接种病原菌，在气温较高的夏秋季节也可以导致芒果枝条产生较为典型的畸形病症状，说明病原菌侵染是该病害发生的主导因素，低温是该病害发生的主要环境因素。由此推测，在低温条件下，*F. mangiferae* 通过产生乙烯或者刺激芒果组织产生胁迫乙烯，导致芒果枝条或者花序产生畸形症状。

　　媒介昆虫　以色列学者的研究发现瘿螨（*A. mangiferae*）为芒果畸形病的传播提供了传播媒介和侵染伤口；还有学者发现瘿螨种群与病害发生率呈正相关，应用杀螨剂后可降低病害严重程度。

　　防治方法　目前，还没有找到可以完全控制芒果畸形病的化学农药，也未发现抗病品种。因此，各国均采取综合防治来减轻病害的危害。

　　（1）加强检疫　勿从病区引进繁殖材料，使用无病繁殖材料，如健康的接穗等；对病害发生严重的果园实行适当隔离，防止病害传播到健康果园。

　　（2）保持果园清洁　在花期和营养生长期对果园进行定期的检查，若检查时发现病害，应根据发病严重度对果树进行修剪并将发病枝条销毁。研究发现，剪除畸形枝条能有效压制病害发生。病树修剪后需喷洒杀真菌剂和杀虫剂（尤其是杀螨剂）来减少病害进一步蔓延的可能性。

　　（3）改善树体营养状况　结合栽培技术，根据果园情况定期喷施含微量元素的叶面肥，改善果树的营养状况，可提高植株抗病性和果实产量。

　　（4）化学防治　在抽梢和开花期，用50％的甲基硫菌灵700倍液、50％多菌灵700倍液、20％施保功1 500～2 000倍液，或25％苯醚甲环唑2 000～3 000倍液喷雾，对该病害有一定的防治作用。

　　（5）其他措施　使用植物生长调节剂。如在印度，果农在花芽分化时期施用外源生长素（萘乙酸NAA，200mg/kg）来减少花的畸形并提高产量，但该处理的防治效果受到质疑。也有通过喷洒抗畸形素类物质来防治畸形的报道；还有施用谷胱甘肽和抗坏血酸来防治芒果畸形病的报道；还有一些尚在探讨中的措施，如通过调节花期、利用气候和温度的变化来抑制病害的发生发展等。

7. 芒果露水斑病
Mango sooty blotch

芒果露水斑病是近年来在海南、广西、云南等地芒果上的常见病害，又称果实污斑病、烟霉病。芒果露水斑病主要危害果实，当芒果进入生长后期，病害症状便逐渐表现出来，田间湿度大时，特别是在露水重时或大雾过后，症状非常明显，故而得名。发生严重时，果面布满黑色或深褐色污斑，对果实的外观品质影响很大。在海南，发病率有时可高达 100％。

症状 芒果露水斑病的症状复杂多样，病斑呈不规则形的油渍状或水渍状，有些病斑边缘明显，有些则不明显；湿度大时，病斑上有黑色或墨绿色的霉层，此霉层系病原菌丝在芒果果面放射状生长的结果，霉层中有大量的分生孢子梗和分生孢子，病斑处果皮不能转色或转色不好（图 1-7-1～图 1-7-2）。与煤烟病原菌在寄主表面附生生长不同，露水斑不能用手轻易抹除，即使抹除了霉层，其下的油渍状也不消失（图 1-7-3）。但该病不侵入果肉，也不引起果实腐烂，只对果面角质层有一定的溶解作用。

病原学 通过病组织分离、柯赫氏法则验证、形态学鉴定和可疑病原菌的 rDNA-ITS 的序列比对分析，将常见病原菌鉴定为枝状枝孢菌 *Cladosporium cladosporioides*（Fr.）De Varies（图 1-7-4），但引起芒果露水斑病的病原菌并不止一种，*Cladosporium sphaerospermum* Penz.（球孢枝孢菌）等真菌亦有可能是芒果露水斑的病原之一。芒果露水斑病可能是多种病原真菌侵染或混合侵染所造成的结果。

病害循环 病原菌以菌丝或分生孢子在芒果枝梢树皮、枯死的花序和果园杂草等上存活，随雨水、露水和风传播至果实，在果面生长，果实发育前期通常不表现症状，果实发育中后期遇适宜的发病条件，症状常突然表现，果实采收后，在较高的贮藏温度和湿度条件下，仍继续危害。

发病条件 田间观察表明，较高的温度以及果园露水重、大雾、降雨等高湿的环境有利于病害的发生。果实发育中后期遭遇大雾、降雨等天气，病害常异常暴发；物候期一致、清洁的果园病害发生较少；果园刺吸式害虫分泌的蜜露可以为病原菌提供营养，有利于病害的发生；果实渗出物较多，果面营养丰富的品种容易发病。温度 28℃左右，相对湿度大于 90%，最适宜病斑的扩展。

防治方法

（1）农业防治 果实采后结合修剪整形，清除内膛枝，增加果园通风透光性；修剪后和开花前喷洒石硫合剂或波尔多液对该病有预防作用；花期结束后，摇除病残花穗，清除侵染来源；果实发育期及时清除果园杂草以及枯枝落叶，覆草栽培果园应该定期刈割；及时套袋护果。

（2）化学防治 果实发育中后期使用杀菌剂喷雾防治。可选用药剂有甲基硫菌灵、吡唑醚菌酯、苯醚甲环唑、腈菌唑、氟硅唑、喹啉铜、氯溴异氰尿酸等，间隔 10～15d 喷药，喷雾要均匀，连续使用 2～3 次可明显降低病害的危害，并兼防芒果炭疽病和疮痂病等果实病害；特别是遭遇大雾、降雨等天气后，或者果园早晚露水重的果园，一定要及时采取化学防治措施；使用杀虫剂及时防治果园刺吸式害虫，喷药时注意叶片背面、枝叶密集处和地面植被等害虫容易躲藏的地方。

8. 芒果灰斑病
Mamgo *Pestalogiopsis* grey leaf spot

芒果灰斑病又称芒果盘多毛孢叶枯病，主要危害转绿后的叶片，导致叶片早衰、枯死、脱落。此病分布较广泛，广东、广西、海南、云南、四川和福建等省（自治区）均有发生。

症状 多自叶尖、叶缘开始发病，也可以在叶面其他部位发生。叶尖、叶缘发病，病斑不规则形，逐渐向中脉扩展，病斑中央灰白色至淡褐色，边缘深褐色，呈几毫米到几厘米大小不等的枯斑。病部常见灰黑色小粒点，即分生孢子盘。严重发生时可造成叶片组织大片枯死（图 1-8-1）。

病原学

（1）病原 为半知菌类拟盘多毛孢属。国内发现有 2 种：芒果拟盘多毛孢 *Pestalogiopsis mangiferae*（P. Henn.）Steyaert（异名：*Pestalotia mangiferae* P. Henn.）和胡桐拟盘多毛孢 [*P. calabae*（West.）Stey.]。国外报道还有另外 3 种，刚果拟盘多毛孢（*P. congensis*）、环拟盘多毛孢（*P. annulata*）和枯斑拟盘多毛孢芒果变种（*P. funerea* var. *mangiferea*）。

（2）形态 芒果拟盘多毛孢的分生孢子盘突破表皮露出，近球形，直径 $90\sim120\mu m$。分生孢子橄榄形，大小 $22\sim26\mu m\times8\sim10\mu m$，有 4 个隔膜 5 个细胞，隔膜间稍缢缩，两端细胞无色，中间 3 个细胞色深、且上部 1~2 个细胞较其下部细胞色深；顶端细胞有 1~3 根较长的附属丝，一般有 3 根，长 $14\sim20\mu m$；基细胞有一细短柄，长约 $3\mu m$（图 1-8-2）。

胡桐拟盘多毛孢的分生孢子盘黑色，多着生于叶背，直径 $150\sim180\mu m$。产孢细胞圆筒形。分生孢子大小 $15\sim20\mu m\times4\sim7\mu m$，长纺锤形，较直，4 个隔膜 5 个细胞，中间 3 个细胞均为暗褐色，两端细胞无色，隔膜为真隔膜，隔膜处无缢缩或稍缢缩，顶细胞圆锥形，有 2~3 根附属丝，附属丝长 $3\sim19\mu m$，基细胞有一细短柄，长约 $3\mu m$。

（3）生理 连续光照或光暗交替均有利于芒果拟盘多毛孢的菌丝生长，但光照更有利于产孢。该菌的最适生长温度为 $27\sim30℃$。在理查氏（Richard）培养基上，$25\sim28℃$ 和 pH5 下生长及产孢最好。

病害循环 病原菌主要在寄主及其病叶上越冬，翌年在适宜气候条件下产生分生孢子。分生孢子借风雨传播，从叶片气孔或伤口侵入，潜育期 5~7d，在潮湿条件下可不断产孢，继续侵染叶片组织，进行多次的再侵染。病原菌也可通过潜伏侵染或伤口直接侵染引起贮藏期果实腐烂。

发病条件　高温多雨有利于病原菌的繁殖，发病重。该菌为弱寄生菌，在寄主长势衰弱时易侵染发病，故幼苗失管，缺肥，缺水或土壤贫瘠的情况下发病较重。紫花芒、桂香芒、象牙芒较感病。

防治方法

（1）加强管理，摘除并集中烧毁病叶。合理增施肥料，提高抗病力。

（2）在病害发生初期，用45％代森铵水剂1 000倍液，或80％代森锰锌可湿性粉剂400～800倍液，或用50％甲基硫菌灵可湿性粉剂600～800倍液，或25％多菌灵可湿性粉剂500倍液，或1％波尔多液雾，有一定的防治效果。

9. 芒果煤烟病
Mango sooty mould

芒果煤烟病又称为煤病、煤污病，是我国各芒果产区的常见病害。此病主要发生在叶片和果实表面，对枝梢也有一定影响。危害叶片影响光合作用，造成树势衰弱。危害果实，影响果实的外观，降低果实的品质。

症状　叶片受害后，在叶面上覆盖一层疏松、网状的黑色绒毛状物，像煤烟，故称煤烟病，可整层从叶面抹去，露出下面绿色叶片组织（图1-9-1）。煤烟病可减少叶片的光合作用面积，在花序上影响正常开花授粉。果实受害，初期果面可见到为数不多的小黑点，如同沾上少量煤灰，随着果实逐渐长大，黑点扩大成一片黑污色，通常由果蒂向果面其他部位发展，严重时整个果皮如涂上黑墨般全部变黑（图1-9-2）。芒果煤烟病只影响果实表皮，对果肉无直接危害。

病原学

（1）病原菌　病原菌的种类多达8种：芒果小煤炱菌（*Meliola mangiferae* Earle），三叉孢菌［*Tripospermum acerium*

（Syd.） Speg.]、芒果煤炱菌（*Capnodium mangiferae* P. Hennign)、刺盾炱属（*Chaetothyrium* sp.)、胶壳炱属（*Scorias* sp.)、*Scoleconyphium* sp.、*Polychaeton* sp. 和 *Limaciluna* sp.。其中芒果小煤炱菌（*M. mangiferae*）和三叉孢菌（*T. acerium*）是芒果煤烟病的主要病原菌。

(2) 形态

①芒果小煤炱菌（*Meliola mangiferae* Earle） 菌丝体黑色，有分枝和分隔，菌丝上有掌状附着枝和刚毛，附着枝互生，由两个细胞组成，顶端细胞膨大，7～10μm。闭囊壳球形，黑色，有附着丝，158～211μm。子囊孢子椭圆形，暗褐色，4个分隔，大小为33～56μm×17～26μm（图1-9-3）。

②三叉孢菌［*Tripospermum acerium*（Syd.） Speg.］ 菌丝体黑褐色，有隔膜。分生孢子无色至淡褐色，星状，多为3分叉，少数2或4分叉，多个细胞。有一短柄着生在菌丝上，大小为50.4～72μm×4.8～8.4μm（图1-9-4）。

③芒果煤炱菌（*Capnodium mangiferae* P. Hennign） 菌丝串珠状，淡褐色至黑褐色。子囊座长瓶状，具巨大的分枝。子囊壳黑色，无柄或有短柄，55μm×90μm。子囊长卵形或棍棒形，60～80μm×12～20μm，内生8个子囊孢子。子囊孢子大小43μm×17μm，褐色、长椭圆形、多为4个横隔膜，隔膜间具缢缩，有2个纵隔。分生孢子有两种类型，一种是由菌丝缢缩成连珠状再分隔而成的，另一种产生在圆筒形至棍棒形的分生孢子器内。

④刺盾炱属（*Chaetothyrium* sp.） 菌丝体上生有刚毛，暗褐色，子囊座球形或扁球形，生于盾状菌丝膜下，也有刚毛。子囊孢子具有3至多个横隔膜，椭圆形至圆筒形，无色，7.4～18.5μm×3.7～6μm。分生孢子器筒形或棍棒形，顶端膨大成球形，暗褐色。分生孢子椭圆形或卵圆形，单胞，无色。

⑤胶壳炱属（*Scorias* sp.） 菌丝表生，子囊座球形至椭圆形，表面光滑或有丝状附属丝，无刚毛，有明显的孔口。子囊棍棒状，内有4～8个子囊孢子。子囊孢子长卵形，4个细胞，具隔膜，

无色或淡橄榄色，20～43μm×7～12μm。

⑥*Scoleconyphium* sp.　该菌通常为无性阶段。菌丝和分生孢子形态与 *Scorias* sp. 相似。有学者也曾发现此菌产生形似 *Scorias* sp. 的子囊座，故认为本菌为 *Scorias* sp. 的无性世代。分生孢子器圆柱状，直立或稍弯，顶端不膨大，大小为 119～204μm×24～34μm。分生孢子无色、透明、椭圆形，单胞，大小为 4～6μm×2～4μm。

⑦*Polychaeton* sp.　该菌有性世代子囊座球形至椭圆形，一般只见无性世代，分生孢子器圆柱状，顶端膨大，形若长颈烧瓶。膨大部分有毛状物，其下面颈部缩小成瓶状，大小为 136～731μm×10～20μm。分生孢子无色透明，单胞，椭圆形，大小为 5～7μm×3～4μm。

⑧*Limaciluna* sp.　菌丝生于寄主表面，暗色，由串珠状细胞组成。子囊座无柄，球形、无刚毛，子囊孢子褐色，有 5～7 个分隔。每个分隔有一个纵隔，大小为 43μm×17μm。

(3) 生理　8 种病原菌中，除芒果小煤炱菌能与芒果建立寄生关系外，其余的病原菌必须依靠蚜虫、介壳虫、叶蝉和白蛾蜡蝉等同翅目害虫以及螨类分泌的蜜露为营养，与芒果本身没有寄生关系，因此，菌丝层很容易从芒果叶片和果实表面剥落下来。

病害循环　病原菌以菌丝体、子囊座或分生孢子盘在病叶、病枝和病果表面或以菌丝体潜伏在寄主体内度过不良环境。芒果煤烟病原菌的菌丝、分生孢子、子囊孢子都能作为侵染来源，借风雨、昆虫传播，成为次年初侵染来源。环境条件适宜时，分生孢子自分生孢子器涌出，经雨水溅射或昆虫活动等进行传播。当枝、叶表面有蚜虫、介壳虫等同翅目害虫的分泌物或灰尘、植物渗出物时，病原菌即可在上面生长发育，并传播进行重复侵染。

发病条件

(1) 害虫危害　病害发生的轻重和当年同翅目害虫和害螨的虫口密度有关。果园白蛾蜡蝉、蚜虫和红蜘蛛虫口密度大，分泌大量蜜露和蜡粉状物，可导致当年煤烟病大发生。

(2) 栽培管理 果园密植，管理粗放，树冠荫蔽，小气候环境相对湿度大，易发病。

防治方法

(1) 及时防治害虫，尤其是同翅目害虫是预防该病最有效的方法。特别要注意介壳虫，因为介壳虫成虫身体上有蜡质介壳，对农药抵抗力较强，所以只有在其介壳尚未形成的若虫期对其施药效果才好。在介壳虫的若虫期，选用顺式氯氰菊酯、高效氯氰菊酯、三氟氯氰菊酯、毒死蜱、毒死蜱·氯氰菊酯、矿物油、松脂酸钠、噻·杀扑、吡虫啉·噻嗪酮、啶虫脒·二嗪磷、吡·高氯、石蜡油等喷洒有虫部位和有虫植株。介壳虫多藏在叶背，喷施农药时应注意。

(2) 搞好植株修剪和果园卫生。在花期和果期应控制杂草过度生长，在收果后及时对果树进行修剪，剪除枯枝老叶，将剪下的枝叶和枯草收集成堆，进行焚烧处理或深埋。对生长力强的品种如红象牙芒等适当重剪，树龄大的果园应考虑回缩树冠，以便尽可能使果园通风透光。

(3) 避免偏施氮肥，适当多施有机肥和磷，钾肥，增强树体抗病虫能力。

(4) 采用药剂防治，可喷施 30% 氧氯化铜胶悬剂 800 倍液，或 70% 甲基硫菌灵可湿性粉剂 1 000～1 500 倍液，或 1% 石灰半量式波尔多液或石硫合剂等。一般至少在花期和果期各喷一次，发病较重的果园最好 1～2 个月喷施一次。

10. 芒果藻斑病
Mango *Cephaleuros*

芒果藻斑病在各芒果产区均有发生，尤以海南发生最为普遍，属常发性次要病害。主要危害芒果叶片和枝条。

症状 病斑常见于树冠的中下部枝叶。发病初期在叶片上形成褪绿色近圆形透明斑点，然后逐渐向四周扩散，在病斑上产生橙黄色的绒毛状物。后期病斑中央变为灰白色，周围变红褐色，严重影响叶片的光合作用。病斑在叶片上的分布往往主脉两侧多于叶缘（图 1 - 10 - 1）。

病原学

（1）病原　属绿藻门的橘色藻科、头孢藻属、寄生藻（*Cephaleuros virsens* Kunze）。

（2）形态　在叶片上形成的橙黄色绒毛状物包括孢囊梗和孢子囊，孢囊梗黄褐色，粗壮，具有分隔，顶端膨大呈球形或半球形，其上着生弯曲或直的浅色的 8～12 个孢囊小梗，梗长为 274～452μm，每个孢囊小梗的顶端产生一个近球形黄色的孢子囊，大小为 14.5～20.3μm×16～23.5μm。成熟后孢子囊脱落，遇水萌发释放出具 2～4 根鞭毛、无色薄壁的椭圆形游动孢子（图 1 - 10 - 2）。

病害循环　病原以丝状营养体和孢子囊在病枝叶和落叶上度过不良环境，在春季温湿度环境条件适宜时，营养体产生孢囊梗和孢子囊，成熟的孢子囊或越冬的孢子囊遇水萌发释放出大量游动孢子，借助风雨进行传播，游动孢子萌发产生芽管从气孔侵入，形成由中心点向外辐射的绒毛状物。病部继续产生孢囊梗和孢子囊，进行再侵染。

发病条件

（1）气候条件　温暖、潮湿的气候条件有利于病害的发生。当叶片上有水膜时，有利于游动孢子的释放以及从气孔的侵入，同时降雨有利于游动孢子的溅射扩散。病害的初发期多发生在雨季开始阶段，雨季结束往往是发病的高峰期。

（2）栽培管理　果园土壤贫瘠、杂草丛生、地势低洼、阴湿或过度郁闭、通风透光不良以及生长衰弱的老树、树冠下层的老叶，均有利于发病。

防治方法

（1）加强果园管理　合理施肥，增施有机肥，提高抗病性；适度修剪，增加通风透光性；搞好果园的排水系统；及时控制果园的杂草。

(2) 降低侵染来源　清除果园的病老叶或病落叶。

(3) 药剂防治　病斑在灰绿色尚未形成游动孢子时，喷洒波尔多液或石硫合剂均具有良好防效。

11. 芒果流胶病
Mango *Phomopsis* gummosis

芒果流胶病在我国芒果产区均有分布，小苗受害后死亡率达10%～30%，成龄树发生更为普遍，台风季节发病严重，风后由本病引起的流胶可达100%，以迎风面受害最重。

症状　枝条和茎干受害，病部呈条状溃疡，中部稍下陷，渗出胶状物，初无色，后呈琥珀色，有时呈点状流胶，病部木质部常变色坏死。严重时枝条或茎干表面布满条状黑褐色胶状物，导致枝条或茎干大面积坏死，甚至枯萎（图1-11-1，图1-11-2）。

病原学

(1) 病原　半知菌类芒果拟茎点霉菌（*Phomopsis mangiferae* Ahmad）。国外报道引起蒂腐和枝枯的多种病原菌都可能侵染枝条和茎干引起流胶。

(2) 形态　可参见芒果蒂腐病中的芒果拟茎点霉菌（*Phomopsis mangiferae* Ahmad）。

病害循环　病原菌以菌丝体和分生孢子器在病株和病残体上存活，翌春环境温湿适宜，分生孢子器内涌出大量分生孢子，借风雨传播，主要从伤口侵入致病。修剪后遗留在树盘周围病残体上的病原菌也可以从根部侵入发病。

发病条件

(1) 环境条件　在温暖潮湿季节往往有利于病害的发生。地势低洼、通透性差的苗圃嫁接苗也易诱发病害造成死苗。

(2) 树势和伤口　树势衰弱的果园往往发病较重；台风雨频繁和害虫危害严重（如天牛），造成的枝条伤口很多，发病异常严重。

防治方法

（1）果园管理 增施有机肥，增强树势；清除病残体，并及时烧毁，以减少菌源；搞好苗圃周围排灌系统，雨季注意及时排水；增施磷钾肥，避免氮磷钾比例失调；加强天牛等害虫的防治，以减少伤口；设置防风带，避免风害造成伤口。

（2）苗圃管理 从健壮母株选取芽条；嫁接工具要消毒；改善苗圃通透性，嫁接成活后定期喷药保护。

（3）化学防治 苗圃幼苗一旦发病，应及时拔除，结果树的大枝干发病，人工刮除病部，并用30％氧氯化铜浆涂敷伤口。在发病季节，苗圃可选用80％代森锰锌可湿性粉剂800倍液、75％百菌清可湿性粉剂600倍液、50％甲基硫菌灵可湿性粉剂800倍液或10％苯醚甲环唑水分散粒剂1 500倍液喷雾。

12. 芒果树回枯病
Mango dieback

芒果树回枯病，又称顶枯病、枝枯病等，20世纪20年代，该病在印度首先报道，当今，已成为印度、巴基斯坦等国芒果树的毁灭性病害，澳大利亚、南非、美国佛罗里达州、印度尼西亚、埃及、巴西、秘鲁、尼日利亚、萨尔瓦多等国家或地区也报道有该病。在我国，20世纪80年代，该病首先在海南省白沙县大岭农场的幼树上发现，此后在三亚、乐东、东方、昌江等地芒果树上发生该病。近些年来，该病有发生流行的趋势。2011年以来，在三亚和乐东等地遭受台风袭击严重的果园，株发病率可达100％，平均枝条发病率可超过40％。

症状 该病主要危害枝条和茎干，有时也可危害叶片；危害果实时引起蒂腐病。

侵染枝条或茎干，症状常表现为回枯、流胶、树皮纵向开裂和木质部褐变等。枝条初期病部出现水渍状褐色病斑，后变黑色（图1-12-1～图1-12-3），剖开病部枝条，木质部变浅褐色（图1-

12-3）；病斑扩大后病部开裂，流出乳白色树脂，后期树脂变为黄褐色、棕褐色至黑褐色（图1-12-4），病斑扩大环绕枝条，且向上、向下扩展，最后病部以上的枝条枯死（图1-12-5），黑褐色，病部长出许多黑色颗粒。受害部位的叶片从叶柄开始发病，并沿叶脉扩展，黄褐色，严重时整个叶片枯死（图1-12-6）。幼树感病，可致整株枯死（图1-12-7）。

该病也可从叶尖、叶缘先感病，出现褐色，后变灰色的病斑，其上有许多小黑点，然后向叶身、叶脉扩展，到达叶脉后沿叶脉向叶柄和枝条上下发展，造成回枯或整株死亡。

果实感病，果蒂部分先出现褐色斑点，不断扩大使整个果蒂的果皮变褐、腐烂，渗出黏液（参见芒果蒂腐病）。

病原学

（1）病原菌　引起芒果树回枯病的病原菌复杂，主要为葡萄座腔菌科（Botryosphaericeae）真菌，其中 *Botryodiplodia theobromae* Pat. ［异名：*Lasiodiplodia theobromae*，*Diplodia theobromae* 等，有性态：*Botryosphaeria dothidea*（Moug. ex Fr.）Ces. & De Not.］为最常见的病原菌。此外，*Botryosphaeria ribis*、*Ceratocystis fimbriata*、*Hendersonula toruloidea*、*Neofusicoccum mangiferae*（异名：*Fusicoccum mangiferae*）、*N. parvum*（异名：*Fusicoccum parvum*）、*Phomopsis* spp.、*Physalospora rhodina* 等也有报道。引起我国芒果树回枯病的病原菌主要是 *B. theobromae*。

（2）形态　病原菌 *B. theobromae* 形态见芒果蒂腐病。

（3）生理　该菌菌丝最适生长温度为 28～32 ℃，致死温度为 60 ℃、10 min，孢子萌发最适温度30 ℃；菌丝生长最适 pH 为5～9，孢子萌发最适 pH 为 7～10；菌丝生长最佳碳源是蔗糖，木糖不适于该菌生长；最佳氮源是蛋白胨；全光照有利于该菌生长。

（4）寄主范围　该菌寄主范围广，已知的寄主植物约 500 种，可以侵染植物不同部位，造成多种症状，如枯萎、果腐、根腐、叶斑、丛枝等。可侵染的常见热带亚热带果树有柑橘、芒果、香蕉、荔枝、龙眼、番木瓜、番荔枝、油梨、毛叶枣、红毛丹等。

病害循环 该菌以菌丝体或分生孢子器在病株和病残体上存活，翌年春季温湿度适宜时，菌丝体扩展或分生孢子器涌出大量分生孢子，分生孢子借风雨传播，主要从伤口侵入致病。菌丝体还潜伏在芒果植株的茎干、果实和叶片上，待条件适宜时发病。

发病条件

（1）气候条件 高温高湿和荫蔽的环境条件有利于发病，台风雨过后常暴发流行；积水、干旱或低温等环境胁迫可加重病情，在海南秋末雨季和春初旱季病害症状严重，在攀枝花冬春干旱季节发生较为严重，常造成大的侧枝枯死。

（2）品种抗病性 不同品种的抗病性不同，台农1号芒、椰香芒、留香芒等品种发病重，而金煌芒、贵妃芒等品种比较抗病。

（3）栽培管理 树势衰弱和受天牛危害较多的果园发病较重。

防治方法

（1）种植防风林 减少大风对树体的伤害，同时加强防治天牛等蛀杆害虫，减少病菌从伤口侵入。

（2）加强肥水管理 枝枯病发生普遍的果园，应少施化肥，多施农家肥和有机肥；雨季注意排涝、旱季注意灌水，避免旱涝胁迫；台风雨后回枯病发生严重的植株或果园，应进行重剪，减少或停止使用多效唑，不能强行催花结果，以便恢复树势。

（3）销毁病枝 修剪时，在枝条的发病部位以下10～15 cm处进行修剪，修剪掉的病枝梢移出果园外并集中烧毁，以防交叉传染。

（4）化学防治 修剪后，可喷洒1％波尔多液、50％施保功或使百克可湿性粉剂1 500～2 000倍液、20％丙环唑乳油1 500～2 000倍液、10％苯醚甲环唑水分散颗粒剂1 500～2 000倍液、40％氟硅唑乳油3 000倍液、50％吡唑醚菌酯乳油3 000倍液、75％代森锰锌可湿性粉剂800～1 000倍液、50％多菌灵可湿性粉剂500倍液等保护伤口。在细菌性角斑病严重的果园，还需喷洒30％氯氧化铜悬浮剂500倍液、72％农用链霉素2 000～3 000倍液或33.5％喹啉铜悬浮剂1 500倍液。

(5)灌根处理 发生严重时，还可以采用噻菌铜＋多菌灵或者丙环唑在滴水线挖浅沟灌根然后覆土。

(6)涂治伤口 在切口处涂上以下几种药剂之一。

①波尔多膏。配制方法：硫酸铜∶新鲜消石灰∶新鲜牛粪＝1∶1∶3，充分混合成软膏状。

②托布津浆。配制方法：70％甲基硫菌灵∶新鲜牛粪＝1∶200，充分混匀。

③氯氧化铜浆糊。配制方法：用30％氯氧化铜可湿性粉剂制成糊状。

13. 芒果膏药病
Mango plaster

芒果膏药病在老芒果园发生较多，主要危害芒果树枝干，也能危害叶片和果实。受害后导致树势衰弱，严重时枝条枯死，产量降低。主要有灰色膏药病和褐色膏药病两种，其中以灰色膏药病发生较普遍。

症状 发病初期，在被害枝干上长出圆形、半圆形或不规则的灰白色子实层，如同贴药膏一般，故称膏药病。后期子实体逐渐变浅褐色，常龟裂，易剥离（图1-13-1）。

病原学

(1)病原菌 担子菌门白隔担耳菌（*Septobasidium bogoriense* Pat.）。

(2)形态 菌丝分隔，初为白色，老熟后变为浅褐色，菌丝交织成膜状的担子果，原担子自棒形或球形的囊胞中长出，钩状弯曲，以横隔分为4个细胞，每个细胞产生1个小梗。担孢子着生在小梗上，无色，单胞，近镰刀形。

(3)寄主范围 除危害芒果外，还可危害柑橘、茶树、梨树、桃树、九里香等多种木本果树和经济作物。

病害循环 病原菌以菌丝体在病枝上越冬，次年春夏季温湿度适宜时，菌丝继续生长形成新子实层；担孢子借助气流或介壳虫、蚜虫等传播，使病害蔓延扩展。

发病条件　病原菌以介壳虫、蚜虫分泌的蜜露为养分，蔓延危害。因此，蚧类、蚜虫发生严重、过分荫蔽潮湿、管理粗放的果园发生较多，尤其在高温雨季，发病常严重。

防治方法

(1) 及时防虫　喷高效氯氰菊酯、吡虫啉等杀虫剂防治蚜虫、介壳虫等害虫，可减轻病害的发生。

(2) 清除病枝　结合田间修剪，及时清除带病枝条和过密枝条，使果园通风透光，以减少发病。

(3) 药剂涂抹　可用刀刮除病部子实体，以涂抹方式进行施药，可选用10％波尔多液浆、3～5波美度的石硫合剂、50％甲基硫菌灵可湿性粉剂＋75％百菌清可湿性粉剂（1∶1）50～100倍液或50％施保功可湿性粉剂50～100倍液，施药1～2次。

14. 芒果绯腐病
Mango pink rot

芒果绯腐病主要在老龄的芒果园发生，危害枝条，可引起部分枝条甚至整个树冠枯死，影响树势生长。

症状　通常在树干第二至第三分叉处的枝条上发生。发病初期，病枝条上的树皮表面出现网状银白色菌索，病部逐渐萎缩、下陷，灰黑色，最后病枝条上出现粉红色泥层状菌膜，皮层腐烂（图1-14-1）。经过一段时间后，粉红色菌膜变为灰白色。在干燥条件下，菌膜呈不规则龟裂。重病枝干枯，病皮腐烂，露出木质部，病部以上枝条逐渐枯死，叶片变褐萎枯，最后脱落。病枝以下健部重新抽出嫩梢。

病原学

(1) 病原　担子菌门鲑色伏革菌（*Corticium salmonicolor* Berk. et Br.）。

(2) 形态 菌丝分隔，初为白色，后变为粉红色菌丝团，担子果平伏，松软。担孢子椭圆形，大小为 $5.8\mu m \times 4.7\mu m$，在菌丝层的表面形成一层粉红色的光滑的平面。

(3) 生理 病原菌是一种喜欢高湿高温的病原菌，适宜发病的温度是 $28\sim35℃$，因此，在温暖潮湿的环境条件下有利于病害的发生。

(4) 寄主范围 该菌的寄主范围很广，可侵染 200 多种植物，如橡胶、可可、咖啡、木菠萝、茶树等木本植物或经济作物。

病害循环 病原菌以菌丝体在病组织或在野生寄主上渡过不良环境条件，在温暖潮湿的季节，病原菌开始重新生长，产生大量的担孢子或菌膜碎片随风雨传播，担孢子萌发侵入寄主组织，菌丝在组织中蔓延和生长，在寄主表面形成粉红色的菌丝层。

发病条件

(1) 气候条件 病原菌喜欢在温暖潮湿的季节，因此，每年的 $7\sim9$ 月往往发病较重。低温干燥的季节病斑扩展缓慢或停止。

(2) 栽培管理 果园郁闭，通风不良；低洼积水；荒芜失管，杂草丛生的果园往往发病较严重，特别是老果园。

防治方法

(1) 农业措施 加强田间管理，雨季前砍除果园周边的灌木和杂草，疏通果园，以利的通风透光，降低果园湿度。

(2) 病部和病死枝条处理 病部可用利刀刮除，然后涂封沥青柴油（1：1）合剂，促进伤口愈合。病死枝条应从健部切除，集中烧毁，伤口涂刷上述涂封剂。

(3) 化学防治 雨季发现此病发生时，可用 1% 波尔多液喷雾。个别大枝条发病可用毛刷涂刷 1% 波尔多液浆。

15. 芒果链格孢霉叶斑病
Mango *Alternaria* leaf spot

芒果链格孢霉叶斑病又称芒果叶疫病。主要危害芒果幼苗或幼树叶片、叶柄和茎部。海南本地芒实生苗和芒果幼树叶片易发病，属常发次要性病害。

症状 主要危害芒果幼苗或幼树叶片、叶柄和茎部。海南本地芒果实生苗和芒果幼树叶片易发病，发病初期叶片上产生圆形至不规则形病斑，褐色至深褐色，病斑稍微隆起，轮纹不明显（图1-15-1），后发展为叶尖干枯或叶缘干枯，严重时叶片大量枯死，影响植株生长。叶柄有时也发生局部褐斑，易引起叶片脱落，茎部发病则产生褐色圆形病斑，病斑有时会纵向开裂。潮湿环境条件下，病部可产生灰褐色霉层，即病原菌分生孢子梗和分生孢子。个别年份发病严重时，造成幼苗大量死亡。也可侵染果实，产生黑褐色圆形病斑，病斑边缘有时不明显，引起采后腐烂。

病原学

(1) 病原菌 半知菌类细极链格孢菌［*Alternaria tenuissima* (Fr.) Wiltsh.］。

(2) 形态 分生孢子梗单生或2～3根丛生，褐色，偶见1～2个膝状弯曲；分生孢子倒棍棒形，单生或2～4个串生，褐色，大小 $18.8～31.3\mu m \times 8～12.5\mu m$，具横隔膜3～6个，纵隔膜1～3个，喙变化较大，色略浅，长 $3.8～11.3\mu m$。

病害循环 病原菌以菌丝体在老叶或病落叶上越冬，翌春雨后菌丝体产生分生孢子借风雨传播，从伤口侵入芒果幼苗或幼树下层叶片。叶片发病后，在高湿的环境条件下，病部产生大量的分生孢子，继续侵染危害。

发病条件

(1) 温湿度 高温高湿的环境条件，特别是雨季空气湿度大，往往有利于病害的发生。

(2) 栽培管理 苗圃地势低洼，易于积水，或地块贫瘠、缺肥，往往容易诱发病害的发生。管理差的老芒果园也可发病。

(3) 砧木类型 用云南的砧木发病率高，用海南土芒、广西土芒、福建土芒等作砧木发病率较低。

防治方法

(1) 选用抗病砧木 选用海南、福建、广西的土芒作抗病砧木。

(2) 农业防治 及时清除病落叶，集中烧毁；加强芒果园肥水管理，提倡施用堆肥、生物肥或腐熟的有机肥，促进芒果树生长健壮，增强抗病力。

(3) 化学防治 发病初期选用 0.5：1：100 倍式波尔多液，或 50％扑海因可湿性粉剂 1 000 倍液，或 40％百菌清悬浮剂，或 70％代森锰锌可湿性粉剂 600 倍液，隔 10～20d 喷 1 次，连续喷 2～3 次。

16. 芒果叶点霉穿孔病
Mango *Phyllosticta* shot‐hole

芒果叶点霉穿孔病主要危害叶片。广东的本地芒上发生比较常见，在海南省偶有发生，属于偶发性次要病害。

症状 主要危害抽梢期叶片。发病初期在嫩叶上产生浅褐色小圆斑，大小 2～5mm，病斑边缘暗褐色，中央浅褐色，随后病斑稍扩大或不再扩展，病斑上产生黑褐色小粒点（即分生孢子器），后期数个病斑相互融合产生大的病斑，病斑极易破裂，造成穿孔（图 1‐16‐1）。病斑多时，造成叶枯或落叶。

病原学 戚佩坤等学者认为广东地区的病原菌为半知菌类叶点霉（*Phyllosticta* sp.），分生孢子器球形，暗褐色，直径 75～150（92.8）μm；分生孢子无色，单胞，椭圆形或长椭圆形，内含 2 个油滴，大小 7～8（6.5）μm×2～2.5（2.3）μm，并认为此菌与 Fairman 报道的莫顿叶点霉（*P. mortoni* Fairm）特征明显不同。

病害循环 病原菌多以菌丝体和分生孢子器在病组织内越冬，当条件适宜时产生分生孢子，在高湿多雨的环境条件下，分生孢子器内溢出大量的分生孢子，借风雨传播，从伤口、气孔或直接穿透表皮侵入叶片，进行初侵染和再侵染。

发病条件

(1) 环境因素 本病多发生于夏、秋两季，高湿是病害发生发展的重要因素，高温多雨的天气有利于发病，而高温干旱抑制病害发生。抽梢期，一旦遇上连续阴雨天气，容易诱发病害流行。

（2）田间管理 田间管理粗放，杂草丛生，植株长势衰弱，往往易于发病。偏施氮肥，叶片柔嫩转绿慢，也易诱发病害发生。

防治方法

（1）抓好田间卫生，适时修剪，增加通风透光，及时清除病残体集中处理。

（2）增施钾肥，促叶片转绿老熟，以减少侵染。

（3）结合防治芒果炭疽病，及早喷药保梢，用药参照炭疽病，还可喷施 40％多硫悬浮剂 600 倍液，或 30％苯醚甲环唑悬浮剂 3 000倍液，或 75％代森锰锌可湿性粉剂 500～800 倍液。间隔 10d 喷施一次。

17. 芒果曲霉病
Mango *Aspergillus* friut rot

芒果曲霉病属于偶发性病害，可引起贮运期果实大量腐烂。广东、海南有此病发生。国外也有此病害的报道。

症状 果实受害，果皮初期表现大片浅褐色至褐色的不规则斑，后期病部密布黑色（黑曲霉）或黄色（黄曲霉）的霉状物，病果迅速软腐、流汁，向周围健康果实接触传播，造成贮运期果实腐烂；病原菌从果蒂侵入也可引起蒂腐病（图 1 - 17 - 1，图 1 - 17 - 2）。

病原学

（1）病原 包括黑曲霉（*Aspergillus niger* V. Tieghem）和黄曲霉（*A. flavus* Ling）两种，但黑曲霉更为常见，均属于半知菌类。

（2）形态 黑曲霉分生孢子头初为球状，后呈辐射状，大小 80～800μm，黑色或黑褐色。分生孢子梗壁光滑，基部有足细胞、褐色，泡囊球形，近无色或淡褐色，上密生梗及一排小梗。分生孢子球形或近球形，暗色，表面有细刺，直径 $2.4\sim6.4\mu m$。在查氏（Czapek）培养基上菌落白色，疏松或紧密，培养基反面白色或黄色。黄曲霉分生孢子头为球形至辐射形，直径为 $150\sim500\mu m$。分生孢子球形、近球形，或成熟后扁球形，直径 $3\sim5.4\mu m$。

病害循环　初侵染源来自受污染的包装材料或工具，在高温或果实抗性下降的情况下，从伤口侵入果实。

发病条件

（1）冷藏贮运过程中，受冷害的果实极易受感染，冷害愈重发病愈严重。

（2）运销过程中，果实上的机械伤口常引发此病。

（3）果实成熟度越高，越有利于病原菌侵染发病。

（4）湿度大，果实从发病到全果腐烂仅需 $3\sim5d$。

防治方法

（1）彻底清园、减少初侵染源。果园修剪后应及时把枯枝烂叶清除；修剪时应贴近枝条分枝处剪下，避免枝条回枯。

（2）果实采收时采用"一果二剪"法，可降低病原菌从果柄侵入的速度和概率。所谓"一果二剪"，即在果实采收时的第一次剪，留果柄 5cm，到加工场采后处理前进行第二次剪，留果柄长约0.5cm。放置时果实蒂部朝下，防止胶乳污染果面。每剪 1 次最好用消毒剂，如 75%酒精，蘸过果剪。

（3）果实采后用 40%特克多胶悬剂 $450\sim900$ 倍液进行 52℃热药处理 5min 或 45%咪鲜胺乳油 $500\sim1\,000$ 倍液常温（31℃）浸果2min。

（4）采用一定浓度的植物激素（如九二〇）涂抹果蒂，虽不能明显推迟果实的后熟进程，但能保持果蒂青绿，可降低蒂腐病的病果率。

（5）包装箱内最好用塑料泡沫内衬，以减少运销过程中的机械损伤。

（6）低温贮藏可延缓本病的发生和发展，但要注意温度应控制在 $10\sim13℃$ 之间，避免冷害。

18. 芒果幼苗立枯病
Mango Seedling wilt and root rot

芒果幼苗立枯病有时也称芒果白绢病，在海南、广东、广西、云南均有发生，是芒果幼苗期常见病害，引起幼苗死亡，死亡率高达20%～30%。

症状　病害主要发生在根部或茎基部。发病初期在病部出现褐色水渍状病斑，以后病斑逐渐扩大，使整个茎基部或病根变褐腐烂，顶端叶片开始凋萎，全株自上而下逐渐青枯、死亡（图1-18-1）。病部常缢缩，生出白色菌丝体，或形成网状菌索，后期长出菜籽大小的菌核，菌核颜色由白色到黑褐色。解剖病茎，可见木质部有褐色条纹。

病原学

（1）病原　有两种：① 立枯丝核菌（*Rhizoctonia solani* Kühn），属半知菌类丝核菌属，有性阶段属担子菌门瓜亡革菌 [*Thanatephorus cucumeris*（Frank）Donk.]。② 齐整小核菌（*Sclerotium rolfsii* Sacc.），属半知菌类小核菌属，有性阶段为担子菌门刺孔伏革菌 [*Corticium rolfsii*（Sacc.）Curzi.]。

（2）形态　立枯丝核菌菌丝形状似蜘蛛网，有隔膜，初期无色，后变为黄褐色，宽度7～14μm，菌丝呈直角分枝，分枝处稍细，离分枝基部不远处有一隔膜。齐整小核菌的菌丝白色，直径2～8μm，分枝不呈直角。菌核初期乳白色，后变茶褐色，球形或近球形，直径0.5～3mm，表面光滑有光泽。

病害循环　该病的侵染来源主要是存活在土壤中的病原菌菌核。菌核可在土中存活2年左右，并可在地面枯死的植物病残体上大量繁殖菌丝体。病原菌寄主范围十分广泛，能侵害多种作物。因此，其他寄主植物或病芒果苗留在土中的菌核便成为主要侵染来源。在适宜的条件下，菌丝体或菌核借水流和土壤传播，从伤口侵入寄主，植株发病死亡后，菌核脱落回到土壤中，又重新开始新的侵染循环。

发病条件 连续种植芒果苗或蔬菜等其他寄主植物，病原菌大量积累，高温多湿，地势低洼，排水不良，苗木种植过密，苗床过分荫蔽，受伤等有均利于病原菌的繁殖和侵染；相反，与非寄主植物轮栽，地势高，排水良好，苗木种植密度适当，通风透光，伤根少等，则很少发病。

防治方法

(1) 最好选择新荒地高畦育苗，以利排水，避免连作。

(2) 播种不宜过密，淋水不宜过多；苗圃要注意排水。

(3) 连作地播种覆土后，用50%甲基硫菌灵500倍液，或40%多菌灵200倍液，或70%萎锈灵800～1 000倍液，或每667m² 用25kg石灰消毒畦面。

(4) 幼苗期及时拔除病株烧毁，并撒上石灰、喷洒或淋灌50%甲基硫菌灵500倍液，或40%多菌灵200倍液，或30%爱苗乳油4 000倍液，或1%波尔多液，可达到良好的防治效果。

19. 芒果树生黄单胞叶斑病
Mango *Xanthomonas arboricola* leaf spot

该病于2009年在海南发现，于2011年国内首次报道。目前在海南、广西等芒果产区普遍发生。

症状 该病症状与芒果细菌性黑斑病症状相似，该病在发生初期，罹病芒果叶片形成多角形、黑褐色、表面下陷、周围偶有黄晕、边缘常受叶脉限制的病斑，后期病斑穿孔，严重时会造成大量落叶（图1-19-1）。但该病症状与芒果细菌性黑斑病略有不同，其病斑表面明显下陷，且扩展受到叶脉限制，病斑相对较小，而细菌性黑斑病病斑稍有隆起，且病斑后期常相互愈合形成较大的病斑。

病原学 经分离鉴定和致病性测定，证实该种症状并非由芒果细菌性黑斑病菌［*Xanthomonas campestris* pv. *mangiferaeindicae* (Patel，Moniz & Kulkarni 1948) Robbs，Ribiero & Kimura］侵染引起，而是由树生黄单胞杆菌（*Xanthomonas arboricola*）侵染引起。

病害循环　据田间观察和实验室分析表明，该病原菌可以在病组织和土壤中存活，靠风雨、流水和农事接触在田间传播，也可以随带菌苗木远距离传播，盲蝽等常见昆虫也可能传播该病。

发病条件　高温、多雨、潮湿的环境有利于病害发生，台风雨后发生异常严重。

防治方法　加强检疫，选用无病繁殖材料，防止病原菌随带菌苗木扩散；由于该病与芒果细菌性黑斑病常混合发生，具体防治方法可参考芒果细菌性黑斑病。

20. 芒果多隔镰刀菌回枯病
Mango *Fusarium decemcellulare* dieback

该病于 1965 年在印度首次报道，2010 年发现在我国四川攀枝花一芒果园有少量危害，目前尚未发现在其他芒果产区有发生。

症状　类似枝枯病的芒果嫩梢枯死症状。该病害主要危害芒果幼嫩枝条，发病初期，芒果叶柄与嫩枝出现淡棕色污斑，后扩大为不规则形的暗褐色斑；整个嫩梢逐渐失水萎蔫，呈现青枯症状，叶片下垂，仍保持绿色；后期叶柄与嫩枝表皮变黑，有时污斑也会扩展至叶片中脉，维管束变色坏死（图 1-20-1），整个嫩梢呈黑色枯死（图 1-20-2）。

病原学　经组织分离鉴定、致病性测定，明确该症状由多隔镰刀菌（*Fusarium decemcellulare* Brick.）侵染引起。

病害循环　目前对该病害的侵染循环、传播途径和发生流行规律尚不清楚。印度首次报道该病后，也未做进一步的深入研究。

防治方法　加强检疫，选用无病繁殖材料，防止病原菌随带菌苗木扩散，其他防治措施参考芒果畸形病。

21. 芒果附生地衣
Mango lichen

芒果地衣病主要发生在阴湿果园的老芒果树的树干和枝条上，地衣发生较多时往往包围着芒果树的整个枝干，影响芒果树正常生长，使树势衰弱，危害严重时对产量也有一定影响。

症状 被害的芒果树干、枝条和叶片上，紧紧贴着灰绿色椭圆形斑块，受害枝干表面粗糙，树势衰弱。根据外观形状可分为叶状地衣、壳状地衣、枝状地衣3种。叶状地衣扁平，形状似叶片，平铺在枝干的表面，边缘反卷，灰白色或淡绿色，下面生褐色假根，常多个连结成不定形的薄片附着于枝干上。壳状地衣紧贴在枝干上，很像一块块膏药，呈灰绿色，上面常有一些黑点，有的生在叶片上，呈灰绿色，形成很多大小不同的小圆斑。枝状地衣淡绿色，直立或下垂如丝，并可分枝。芒果树干上主要附生的是壳状地衣（图1-21-1，图1-21-2）。

病原 地衣青灰色，是真菌（子囊菌）和藻类（多为单细胞蓝藻和绿藻）的共生体。

病害循环 依靠地衣碎片进行营养繁殖，也可以真菌的孢子及菌丝体及藻类产生的芽孢子进行繁殖，产生的孢子经风雨传播蔓延。

发病条件 地衣在气温升高至10℃以上时开始生长，早春产生的孢子经风雨传播蔓延，一般在温暖潮湿的晚春和初夏季节生长最盛，进入高温炎热的夏季，生长很慢，秋季气温下降，地衣又复扩展，直至冬季才停滞下来。老果园树势衰弱、树皮粗糙易发病。生产上管理粗放、杂草丛生、土壤黏重及湿气滞留的果园发病重。

防治方法

（1）农业防治 抓好整枝修剪工作，及时清除果园杂草，雨后及时开沟排水，防止湿气滞留，科学疏枝，改善果园的通透性。施用酵素菌沤制的堆肥或腐熟有机肥，提高芒果树抗病力。采收后要松土施肥。增强树势。结合冬季修剪、剪除病枝、虫枝、弱枝，使果园有良好的通风透光环境。

（2）药剂防治　目前尚未有特效的防治药剂，一般用 0.1% 硫酸铜液，或波尔多液（1∶1∶100），或 30% 氧氯化铜悬浮剂 600 倍液，或 2% 硫酸亚铁溶液喷施，隔 7～15d 喷 1 次，连喷 3～4 次。或在每年冬季用 10%～15% 的石灰乳液涂抹整个树干。

（3）草木灰浸出液煮沸以后进行浓缩，涂抹在病部，防效较好。

22. 芒果白绢病
Mango *Sclerotium* blight

芒果白绢病又称菌核性根腐病和菌核性苗枯病，危害芒果苗木和幼树的根颈部，严重时往往造成芒果苗木的大量死亡。

症状　白绢病通常发生在苗木的根颈部或茎基部。感病根颈部皮层逐渐变成褐色坏死，常缢缩下陷，严重的皮层腐烂。受害后，影响水分和养分的吸收，以致生长不良，地上部分叶片变小变黄，严重时枝叶凋萎，当病斑环茎一周后会导致全株枯死。在潮湿条件下，受害的根颈表面或近地面土表覆有白色绢丝状菌丝层。后期在病部或周围的土壤表层的菌丝层上形成很多油菜籽状的小菌核，初为白色，后渐变为淡黄色至黄褐色，以后变茶褐色。菌丝逐渐向下延伸及根部，引起根部变黑腐烂。近地面的叶片也能感病，病叶片上出现轮纹状褐色病斑，病斑上产生菌丝层和茶褐色菌核。

病原学

（1）病原　无性阶段为半知菌类齐整小核菌（*Selerotium rolfsii* Sacc.）。有性阶段为担子菌门罗尔伏革菌［*Corticium rolfsii*（Sacc.）Curzi.］，自然界很少产生。

（2）形态　无性阶段不产生孢子，菌丝发达，往往在病部产生大量白色的绢丝状菌丝层。在菌丝层上可形成大小不一的菌核，菌核未成熟时为白色至黄褐色，成熟时转为茶褐色。

(3) 生理 病原菌生长的最适温度为 30℃，最高约 40℃，最低为 10℃；在 pH2.0～9.0 都能生长，pH6.0 时最适宜生长；光线能促进菌核的形成与成熟。菌核抗逆性很强，适宜条件下萌发，产生菌丝侵入寄主的组织。菌核在室内可存活 10 年，土壤中能存活 5～6 年，在低温干燥的条件下存活时间更长，但水淹不利于菌核的存活，在灌水的条件下，经 3～4 个月即可死亡。

(4) 寄主范围 病原菌的寄主范围很广，可危害 200 多种植物，主要危害花生、西瓜、茄子、番茄、牡丹、凤仙花、兰花、仙人掌、黄麻、人参、烟草等多种农作物和观赏植物。

病害循环 白绢病病原菌是一种根部习居菌，以菌丝体或菌核在土壤中或病根上越冬，第二年温度适宜时，产生新的菌丝体，病原菌在土壤中可随地表水流进行传播，蔓延生长在土中的菌丝可侵染苗木根部或根颈。

发病条件

(1) 环境条件 病原菌喜高温，因此病害多在高温多雨季节发生，4 月上旬开始发病，5～8 月气温上升至 30℃左右时为发病盛期，9 月末停止发病。高温高湿是发病的重要条件，气温 30～38℃，经 3d 菌核即可萌发，再经 8～9d 又可形成新的菌核。

(2) 土壤的理化性质 在酸性至中性的土壤或沙质土壤中易发病；土壤湿度大有利于病害发生，特别是在连续干旱后遇雨可促进菌核萌发，增加对寄主侵染的机会；连作地由于土壤中病原菌积累多，苗木也易发病；在黏土地、排水不良、肥力不足、苗木生长纤弱或密度过大的苗圃发病重。根颈部受日灼伤的苗木也易感病。

防治方法

(1) 圃地选择 育苗地要选择土壤肥沃、土质疏松、排水良好的土地。前作发病重的苗圃应与禾本科作物轮作 2～4 年以上，方能重新育苗。

(2) 冬季深耕 感病苗圃地，每年冬季需进行深耕，将病株残体深埋土中或将土壤表层的菌核深埋，可减少侵染来源。

(3) 加强管理 在苗木生长期要及时施肥、浇水、排水、中耕除草，促进苗木健壮生长，提高苗木抗病能力，增施硝酸钙、硫酸钙和钾肥可提高植株的抗病能力。田间管理过程中应减少根颈部造成的伤口，同时，夏季要防暴晒，减轻灼伤危害，减少病原菌侵染机会。对酸性土壤，可结合翻耕，每 667m² 施用石灰 70～100kg。

（4）土壤消毒 在育苗前，每 667m² 用 70％五氯硝基苯可湿性粉剂 1kg，加细干土 20kg，拌匀撒在播种苗床。对感病较轻的苗木，可挖开根颈处土壤，晾晒根颈数日或撒生石灰，进行土壤消毒。

（5）药剂防治 在发病初期可用 1％硫酸铜液、50％代森铵可湿性粉剂 500 倍液或 50％退菌特可湿性粉剂 250～300 倍液浇灌病株根部，每隔 7d 一次。

23. 芒果紫根病
Mango purple root rot

芒果紫根病为芒果的根部病害，可危害幼苗基部和根部，结果期危害较严重，受害植株根部皮层腐烂，最终导致整株死亡。

症状

（1）地上症状 受害植株主要表现为枯枝落叶多，叶片发黄，无光泽，树干干缩，新叶抽发较少或不抽新叶。结果树开花少，甚至开花后落花严重，幼果往往发育不良，易脱落。

（2）根部症状 主要危害幼苗基部和根部。受害根部变紫褐色至紫黑色，皮层腐烂，木质部干腐、质脆、木材易与根皮分离。病根不粘泥沙，病根表面有深紫色根状菌索覆盖，潮湿时形成一层紫红色丝绒状膜层，后期可形成扁球形紫黑色的小颗粒。病根无蘑菇味。

病原学

（1）病原 担子菌门紧密卷担子菌（*Helicobasidium compactum* Boed.）

（2）寄主 病原菌的寄主范围较为广泛，包括一些耕作的植物和野生的植物，如橡胶树、茶、金鸡纳树、刺桐、猪屎豆和桑树等。

病害循环 植株的病残树桩以及染病野生灌木是本病的主要侵染来源。病根上的菌索、菌膜通过与芒果的根系接触而进行传播蔓延，或者病残树桩上的子实体产生担孢子借助风雨传播到有伤口的芒果树上或根部，从伤口侵入引起芒果发病。

发病条件

(1) 前作植被类型和发病情况 前作植被为森林或灌木杂树的地块，往往发病较重。

(2) 土壤类型 土壤质地黏重，结构紧密，通气性差，易于板结，排水不良的地块往往发病较重。土壤疏松，通气性较好，排水良好的地块发病较轻。

(3) 垦殖方式 开垦时，清理病残树根较为彻底的地块，可减少病原菌的侵染来源，发病往往较轻。

防治方法

(1) 农业防治 垦前应彻底清除田间的病树根或杂树根；发现病株应及时开挖隔离沟，防止病害的进一步蔓延，对病树连同病根一起集中清除干净，并集中烧毁。病穴内可撒些石灰进行消毒。加强栽培管理，松土，增施有机肥，提高植株的抗病能力。

(2) 药剂防治 将病树周围的根颈部开挖 20cm 深、10cm 宽的土穴，每株病树淋灌 0.75％十三吗淋乳油 1～2kg，回土后，再淋灌 0.5kg，再回土覆盖。6 个月后重施一次。

主要参考文献

陈永森，黄国弟，蓝唯，等 .2010. 蒲金基 . 广西芒果病虫害调查初报［J］.
　昆虫知识，47（5）：994 - 1001.

董春，何汉生 .1999. 芒果细菌性黑斑病研究进展［J］. 果树科学，16（增
　刊）：47 - 67.

高兆银，胡美姣，李敏，等.2006.壳聚糖涂膜对芒果采后生理和病害的影响
　　［J］.广东农业科学，12：61－66，81.

胡美姣，李敏，杨凤珍，等.2005.两种芒果炭疽病菌生物学特性的比较
　　［J］.西南农业学报，18（3）：306－310.

何胜强，戚佩坤.1997.芒果疮痂病菌生物学特性研究［J］.植物病理学报，
　　27（1）：149－155.

何胜，强郭青.1998.芒果疮痂病及其防治［J］.植物医生，11（3）：10.

黄朝豪.1995.热带植物病理学［M］.北京：中国农业出版社.

马斌.2003.对芒果和菠萝采用气调包装［J］.中外食品加工技术，7：82.

赖传雅.2003.农业植物病理学［M］.北京：科学出版社.

雷新涛，赵艳龙，姚全胜，等.2006.芒果抗炭疽病种质资源的鉴定与分析
　　［J］.果树学报，23（6）：838－842.

李敏，胡美姣，高兆银，等.2007.1-甲基环丙烯不同时间处理对芒果贮藏生
　　理的影响［J］.中国农学通报，23（9）：573－576.

刘秀娟，杨业铜，谢道林，等.1996.钴-60辐照处理芒果的防腐保鲜效应
　　［J］.热带作物学报，17（2）：63－70.

刘兴华，陈维信.2002.果品蔬菜贮藏运销学［M］.北京：中国农业出版
　　社.

刘羽，刘增亮，高爱平，等.2009.芒果种质对炭疽病的抗病性评价［J］.热
　　带作物学报，30（7）：1000－1004.

刘增亮，张贺，蒲金基，等.2009.芒果疮痂病的症状、病原与防治［J］.热
　　带农业科学，29（10）：34－37.

龙亚芹，王万东，王美存，等.2010.云南小规模芒果种植模式和病虫害防治
　　调查［J］.江西农业学报，22（11）：100－103.

陆家云.2000.植物病原真菌学［M］.北京：中国农业出版社.

吕延超，蒲金基，谢艺贤，等.2009.芒果畸形病研究进展［J］.中国南方果
　　树，38（3）：68－71.

吕延超，蒲金基，谢艺贤，等.2010.芒果畸形病病原菌的生物学特性的初步
　　研究［J］.热带作物学报，31（3）：453－456.

戚佩坤.2000.广东果树真菌病害志［M］.北京：中国农业出版社.

邱强，林尤剑，蔡明段.1996.原色荔枝　龙眼　芒果　枇杷　香蕉　菠萝病
　　虫图谱［M］.北京：中国科学技术出版社.

邵力平，等.1996.真菌分类学（森林保护专业）［M］.北京：中国林业出版

社．

王璧生，刘景梅，等．2000. 芒果病虫害看图防治［M］．北京：中国农业出版社．

韦晓霞，黄世勇．1996. 芒果疮痂病病情消长规律的调查观察［J］．福建果树，4：20-22.

文衍堂，黄圣明．1994. 芒果细菌性黑斑病症状与病原鉴定［J］．热带作物学报，15（1）：79-85.

武英霞，唐志鹏．2004. 紫花芒果果实生理病害—海绵组织形成原因的研究［D］．南宁：广西大学．

肖倩莼，李绍鹏．1998. 芒果炭疽病抗病品种筛选研究［J］．热带作物学报，19（2）：43-48.

张贺，刘晓妹，喻群芳，等．2013. 海南芒果露水斑病的初步鉴定［J］．广东农业科学，40（7）：75-77.

张贺，漆艳香，谢艺贤，等．2010. 芒果细菌性黑斑病病原细菌室内药剂筛选［J］．中国农学通报，26（1）：344-347.

张胡焕，谢艺贤，蒲金基，等．2010. 常用杀菌剂及其混剂对芒果炭疽病菌的毒力测定［J］．农药，49（1）：64-65，68.

张欣．2002. 胶胞炭疽菌 DNA 的 PCR 特异性扩增［J］．热带农业科学，22（2）：17-18.

张振文，黄绵佳．2003. 芒果采后生理及贮藏技术研究进展［J］．热带农业科学，23（2）：53-59.

周至宏，王助引，黄思良，等．2000. 香蕉、菠萝、芒果病虫害防治彩色图说［M］．北京：中国农业出版社．

Arauz, L. F. 2000. Mango anthracnose: Economic impact and current options for integrated management［J］. Plant Disease, 84（6）：600-611.

Gagnevin L, Leach JE, Pruvost O. 1997 . Genomic varialilitv of *Xanthomonas compestris* pv. *mangiferaeindica* agent of mango bacterial black spot［J］. Applied and Envirnnrnental Microbiology, 63：246-253.

Gagenvin L, Pruvost O. 2001. Epidemiology and control of mango ba431. cterial black spot［J］. Plant disease, 85（9）：928-935.

Some A, Samson R. 1996. Isoenzyme diversity in *Xanthomonas compestris* pv. *Mangiferae indica*［J］. Plant Pathology, 45：426-431.

第二部分
芒果生理性病害

1. 芒果海绵组织病
Mango spongy tissue

症状　果实采摘和成熟时外部症状不明显，但将果肉对半切开，则发现内部果肉变软、组织发生降解，常见为果肉颜色淡黄，呈海绵状或软木状，常具气室，并有异味。海绵状组织的发生率随果重的增加而增高（图 2-1-1）。

病因　该病确切的原因目前尚未清楚。有人认为，该病与吸果夜蛾口器带有的某些微生物或果园喷施某些杀菌剂引起的水果生理失调有关；也有人认为与芒果种子的萌动有关，印度有学者的研究表明，Alphonso 芒果受果核象甲危害后，导致种子无法萌动，就不会发生海绵组织病；印度的另一项研究，从 Alphonso 海绵果病组织中分离到木糖葡萄球菌（Staphylococcus xylosus），人工接种该细菌，也能引起果肉出现相似的症状；印度还有学者认为，由于地面与树冠之间的热对流，果实受热辐射，导致部分果肉组织代谢紊乱，淀粉水解酶等的活力发生变化，产生海绵组织。该病害的发生还与果实采收时的成熟度、生态因素、营养失调和果实成熟过程中其他酶的活性异常有关。

发病条件　根据广西大学黄晓蓉等报道，紫花芒果的海绵组织病与下列几个因素有关：

（1）果实采收时的成熟度　病害通常发生在果实生长后期，采收时成熟度越高的果实，海绵状组织病的发病率越高，发病程度也越严重。

(2) 果实大小 发病率随单果重、果实纵横直径的增加而增高。

(3) 果形指数 发病率随果形指数增大而增高,且果形指数偏离正常值(1.70~1.90)的程度越高,果实海绵状组织发病率也越高。

(4) 品种 对紫花芒、桂香芒及金煌芒3个品种的调查发现,只有紫花芒表现出海绵状组织病状,说明海绵状组织的发生与品种的关系很大。

(5) 树体中钙元素 树干高压注射 $1\%CaCl_2$、$2\%KCl$ 及 1% 尿素处理均可降低海绵状组织的发病率,其中,以树干高压注射 $CaCl_2$ 处理最为有效,发病率降低了 40%。

(6) 施肥种类 土壤增施尿素、氯化钾及氮磷钾复合肥对海绵状组织病的发生有诱导作用,其中,以土壤增施钾肥诱导效果最明显。

(7) 果实营养元素 海绵状组织发病果实与正常果实在单一营养元素含量以及各元素比例方面差异较大,病果在元素平衡上表现出极度不均衡性,尤以 Ca、N、K 元素的不均衡最为明显,病果呈现明显的低 Ca、高 K、高 N 现象。

防治方法 采前用氯化钙处理果实,可减少海绵状组织病的发生,但采后浸钙处理果实,却无明显的效果。用乙烯利进行采后催熟处理,可减轻海绵状组织病的发生。印度采用植被覆盖果园地面或地膜覆盖树下土壤的方法对该病有一定的控制作用。

2. 芒果裂果症
Mango fruit split

裂果在我国芒果产区比较常见,通常发生在果实生长中后期,是芒果生产中直接影响到产量和质量的一个问题。

症状 裂果在幼果发育至橄榄大小时即开始,果实进入迅速膨大期至生理成熟期前达到最高峰。大部分表现纵裂（图 2-2-1）。

病因　国内外均认为，裂果与果园湿度、土壤水分管理失衡以及缺钙和硼等因素有关。裂果程度则与品种、生育期、气候、肥水管理等因素有关系。

发生条件

（1）品种　果皮较厚的品种如紫花芒、桂香芒、绿皮芒、串芒、红芒、台农 1 号裂果少，象牙芒类等果皮薄的品种最易裂果。果实纤维少的品种较纤维多的品种更容易裂果。

（2）生育期　常发生在果实生长中后期。

（3）虫伤或机械伤后的天气、肥水管理　果实生长中后期，天气干旱时果实含水量少，光合产物积累多，原生质浓，此时若果实被虫咬伤或受其他机械伤后，遇骤然大雨或灌水过多，树体吸水过多，果实薄壁组织短时间内迅速膨胀，即引起果皮破裂，造成裂果。

（4）套袋　左辞秋利用大头芒作套袋试验，不套袋果实裂果率达 91％，而套袋果只有 26％，表明套袋对防病虫、防裂果效果都较显著。

防治方法

（1）种植果皮较厚的品种。

（2）在果实发育过程中，干旱季节应时常灌水，雨季注意排涝，避免果园土壤湿度剧烈变化。

（3）注意灭荒防虫，套袋防病虫。

（4）注意平衡施肥，勿偏施氮肥，挂果期补施钙肥，促进果皮细胞壁的生长。

3. 芒果黑顶病
Mango black tip disease

芒果黑顶病，又称芒果顶端坏死病（tip necrosis），于 1908 在印度已有记载，目前在世界各芒果生产国均有发生。该病害主要危害芒果果实，芒果坐果后至成熟期均可表现症状，严重时100％的果实均可出现黑顶。

症状 最初的症状表现为果顶末端呈现污绿色，随后果顶末端出现一小块黄化区域，黄化区域逐渐扩大至整个果顶部位，最后变为深褐色至黑色坏死，坏死部分比较坚硬并有收缩，坏死区域逐渐向果肩部位扩张，坏死部位常出现流胶现象（图2-3-1）。伴随着症状的出现，果实发育出现受阻现象。在叶片上，症状表现为叶尖和叶缘出现砖红色干枯坏死。

病因 常发生在砖窑或金属冶炼工厂附近的果园，已知大气污染物如氟化物、一氧化碳、二氧化硫等气体等可造成芒果黑顶病。有研究表明，大气污染物被叶片和果实吸收后干扰了细胞中硼元素的代谢，继而引起细胞坏死。

发生条件 除果园大气污染严重程度外，风向和品种对病害的严重程度也有影响，处在大气污染源下风口的果园容易发病，果皮皮孔较少和蜡质层较厚的品种发病轻。

防治方法

（1）远离污染源 做好产地规划，防止大气污染。在芒果主产区尽量不要规划产生大气污染的砖窑或金属冶炼工厂等，砖窑至少应距离果园5～6km，在果园附近的砖窑在芒果坐果与果实发育期间不要开工，烟囱的高度不应低于果园12～15m。

（2）化学防治 喷洒0.6％～1％的硼砂溶液，或0.8％的纯碱溶液，或0.5％的碳酸钠溶液，可以中和大气污染物，减轻病害发生，同时可以防治心腐病。在容易发生该病的果园，于果实豌豆期喷洒第一次硼砂溶液，此后每隔15d喷洒1次，果实发育期至少喷洒3次。

4. 芒果生理性叶缘枯病
Mango physiological leaf edge blight

芒果生理性叶缘枯病又称叶焦病、叶缘枯病，是芒果种植区常见的生理性病害，受害植株往往大量落叶，影响芒果树的生长。

症状　多出现在三年生以下的幼树。一至三年幼树新梢发病时，叶尖或叶缘出现水渍状褐色波纹斑，向中脉横向扩展，叶缘逐渐干枯（图 2 - 4 - 1）；后期叶缘呈褐色，病梢上叶片逐渐脱落，剩下秃枝，一般不枯死，翌年仍可长出新梢，但长势差；根部须根和侧根变黑，根毛少。

病因　该病为生理性病害。在秋冬季节，如果气候干燥，光照强烈，幼龄树根系的吸水速度慢与叶片蒸腾作用所需的水分，出现地上部分和地下部分水分供需不平衡，从而导致叶缘干枯；土壤中盐离子浓度过高，或者硝酸钾等离子态叶面肥使用浓度过高也容易产生叶缘枯；土壤有效硼元素含量较高或者使用硼肥过量，也容易使得叶片硼中毒，产生叶缘枯（图 2 - 4 - 2）。

发生条件　病害的发生与品种、树龄、季节和地形等因素有关。紫花品种发病较为常见，而象牙芒、秋芒、粤西 1 号、吕宋芒和台农 1 号等品种发病较少。一般一至三龄树发病较为常见，四龄以上较少发生。病害主要发生在每年秋冬季节。向阳或迎风地块发病较多。盐碱地等含盐高的土壤发生重。

防治方法

（1）在幼苗定植时，种植穴应以 1.0 m ×1.0 m×1.0 m 为宜，下足基肥，以促使幼苗侧根的发育和根系向外生长。

（2）建园时要注意选择土质疏松的地块定植，种植后应注意增施有机肥，改良土壤，提高地力，增强根系的吸收功能。

（3）加强芒果园管理，幼树应施用酵素菌沤制的堆肥或薄施腐熟有机肥，尽量少施化肥；秋冬干旱季节要注意适当淋水并用草覆盖树盘，保持土壤潮湿，以满足树体对水分的需要；土壤 pH 较低的果园适量使用石灰提高土壤 pH，地下水位较浅的果园注意排涝。

5. 芒果缺钾症
Mango potassium deficiency

症状　症状首先出现在下部老叶，逐渐向上部叶片蔓延。病叶的叶缘先出现黄斑，叶片逐渐变黄，后期坏死干枯。严重时顶部抽出的嫩叶变小，叶片伸展后叶缘出现水渍状坏死，或不规则的黄色斑点，叶片逐渐变成黄色（图 2-5-1）。

病因　主要原因是土壤中缺少或植株不能吸收钾离子。可能由于芒果根部受损，影响根部对钾离子的吸收；或者由于土质过硬，影响根部的生长，造成根部吸收钾离子的能力降低。

防治方法　本病防治的重点是改善根际环境，促进钾离子的吸收。选择土质疏松的地块建园，定植时下足基肥，定植后增施有机肥和硫酸钾。在发病果园，待新梢抽出后喷 0.5%～1% 的硫酸钾溶液或 0.5%～1% 磷酸二氢钾溶液，每次抽梢喷 2 次，至症状减轻或不出现症状为止。

6. 芒果缺铁症
Mango iron deficiency

芒果缺铁症又称黄叶症。

症状　新梢叶片发黄，随着缺铁加剧，除主脉是绿色外，叶肉组织褪绿呈黄色或白色。严重时除主脉基部保持绿色外，其余全部发黄发白，并失去光泽、皱缩，边缘变褐并破裂，提前脱落（图 2-6-1）。

病因　铁是多种生物酶的组成成分和活化剂，在植物氧化还原反应过程中起重要作用，直接影响叶片叶绿素的形成和功能，若缺乏，叶绿素不能合成，树体表现黄化。

芒果缺铁主要原因是土壤遭受碱害，使大量可溶性的二价铁，被转化为不溶性的三价铁盐而沉淀，不能被根系吸收。其次黏重的土壤胶粒有很强的吸附性，影响根系对铁的吸收利用，也会引起缺铁。一般在盐碱地和含钙质较多的土壤，排水不良易积水的果园，地下水位高的低洼地，或灌水不合理导致土壤次生盐渍化的果园，都会引起土壤 pH 升高或元素间失去平衡而发生缺铁症。

防治方法

（1）土壤施铁肥　结合秋施基肥，在有机肥中每株混施0.15～0.2kg的硫酸亚铁、柠檬酸铁或氨基酸铁。此方法最好不在碱性重的果园使用，以免铁元素被固化而不能被根系吸收。

（2）叶面喷施铁肥　在果树生长期间，叶面喷施0.2%～0.3%的硫酸亚铁、柠檬酸铁或氨基酸铁溶液，一般每10～15d喷1次，连续喷施2～3次即可。结果树叶面喷施铁肥，应尽可能选择柠檬酸铁或氨基酸铁等有机铁肥，避免肥害造成果面不洁。

（3）枝干注射铁肥　对于缺铁较重的结果大树，较为有效的方法是用0.2%～0.3%硫酸亚铁或0.2%氨基酸铁溶液注射枝干。

7. 芒果缺锌症
Mango zine deficiency

芒果缺锌症又称小叶症。

症状　主要表现为植物矮化，影响植物的正常生长发育。同时，新抽的叶片逐渐变小，出现所谓的"小叶病"（图2-7-1）。结果树果实成熟期推迟，果实发育不良，严重影响品质与产量。

病因　主要原因是土壤中缺少或树体不能吸收锌离子。植株在生长过程中，如遇低温和土壤干旱等逆境，或者土壤pH较高（pH6以上），被土壤颗粒吸附的锌元素很难被植株吸收，从而造成缺锌。

防治方法

（1）改善土壤肥力　增施有机肥，提高植株根系的吸收功能，可减轻该病害的发生。

（2）化学防治　田间发病后，立即叶面喷施0.2%的硫酸锌、硝酸锌或者EDTA-Zn，或者其他的含锌叶面肥，间隔期10～15d，共喷2～3次，在症状严重时适当加大用量；为防治芒果病害，果园经常喷雾代森锰锌也可以补充部分锌元素。但叶面喷雾不能缓解根系、枝干及此后新梢生长对锌元素的需求。因此，在缺锌严重的果园，还需要从根部补充部分锌元素，根部追施锌肥，可以选用硫酸锌或者 EDTA - Zn、EDDHA - Zn 等络合锌，酸性土壤使用硫酸锌（按树冠投影面积计算）$10g/m^2$，微酸性土壤（pH5.5～6.5）使用 EDTA - Zn10～15g/m²，碱性土壤（pH7～8）使用 EDDHA - Zn10～15g/m²。

主要参考文献

黄台明，薛进军，方中斌.2007.铁肥及其不同施用方法对缺铁失绿芒果叶片铁素含量的影响［J］.热带农业科技，30（2）：11-12.

张海岚，吴宁尧，陈厚彬，等.1996.芒果黑顶病的发生及防治初步研究［J］.广东农业科学（3）：34-36.

唐志鹏，武英霞，黄晓容.2005.几种矿质元素对紫花芒果实海绵组织的影响［J］.果树学报，2005，22（5）：505-509.

王菊芳，吴定尧.2000.氟污染与套袋对芒果果实某些生理过程的影响［J］.华南农业大学学报，21（3）：13-16.

张承林.1997.芒果（*Mangifera indica* L.）果实的生理病害及其病因的研究［D］.广州：华南农业大学.

张承林，黄辉白.1997.芒果对氟的吸收与果实生理病害的关系［J］.园艺学报（2）：111-114.

Agarwala SC，Nautiyal BD，Chitralekha Chatterjee，et al. 1988. Manganese，zinc and boron deficiency in mango［J］.Scientia Horticulturae，35（1～2）：99-107.

Chandra A and Yamdagni R. 1984. A note on the effect of borax and sodium carbonate sprays on the incidence of black - tip disorders in mango［J］.Punjab Horticultural Journal，24：17-18.

Gunjate RT，Tare SJ，Rangwala AD，et al. 1979. Calcium content in Alphonso mango fruits in relation to occurrence of spongy tissue［J］.Journal of Maharashtra Agricultural Universities，4：159-161.

Gunjate RT，Walimbe BP，Lad BL，et al. 1982. Development of internal breakdown in alphonso mango by post - harvest exposure of fruits to sun -

light [J] . Science and Culture, 48: 188 - 190.

Gupta DN, Lad BL, Ghavan AS, et al. 1985. Enzyme studies on spongy tissue: A physiological ripening disorder in Alphonso mango [J] . Journal of Maharashtra Agricultural Universities, 10: 280 - 282.

Joshi GD and Limaye VP. 1986. Effects of tree location and fruit weight on spongy tissue occurrence in Alphonso mango [J] . Journal of Maharashtra Agricultural Universities, 11: 104.

Lima LC de O, Chitarra A B, Chitarra MIF. 2001. Changes in Amylase Activity Starch and Sugars Contents in Mango Fruits Pulp cv. Tommy Atkins with spongy tissue [J] . Brazilian Archives of Biology and Technology, 44 (1): 59 - 62.

Littlemore J, Winston EC, Howitt CJ, et al. 1991. Improved methods for zinc and boron application to mango (*Mangifera indica* L.) cv. Kensington Pride in the Mareeba - Dimbulah district of North Queensland [J] . Australian Journal of Experimental Agriculture, 31 (1): 117 - 121.

Malo SE and Cmapbell CW. 1978. Studies on mango fruit breakdown in Florida [P] . Proceedings of the Tropical Region of American Society for Horticultural Science, 22: 1 - 15.

Saran PL And Kumar Ratan. 2011. Boron deficiency disorders in mango (*Mangifera indica*): field screening, nutrient composition and amelioration by boron application [J] . Indian Journal of Agricultural Sciences, 81 (6): 506 -510.

Shivashankara KS and Mathai CK. 1999. Relationship of leaf and fruit transpiration rates to the incidence of spongy tissue disorder in two mango (*Mangifera indica* L.) cultivars [J] . Scientia Horticulturae, 82: 317 - 323.

Subramanyam H and Murthy H. 1971. Studies on internal breakdown, a physiological ripening disorder in Alphonso mangoes [J] . Tropical Science, 13: 203 - 210.

Wainwright H and Burbage MB. 1989. Physiological Disorders in Mango (*Mangifera Indica* L.) Fruit [J] . The Journal of Horticultural Science & Biotechnology, 64 (2): 125 - 136.

第三部分

芒果虫害

1. 芒果脊胸天牛
Mango long‑horned beetle

分类　脊胸天牛（*Rhytidodera bowringii* White）属鞘翅目（Coleoptera），天牛科（Cerambycidae）。

分布　国内：广东、广西、海南、云南、四川、福建、台湾。
　　　　国外：缅甸、印度、印度尼西亚等。

寄主　芒果、腰果、朴树、漆树、细叶榕。

危害　脊胸天牛主要以幼虫蛀食枝条、树干，造成枝条干枯、断枝或树干倒折。受害植株呈缺肥状，叶片黄化，树势衰退，树冠稀疏，甚至整株枯死。被害枝梢上每隔一定距离有一圆形排粪洞，沿小枝到主干（图3-1-1，图3-1-2，图3-1-3）。

形态特征

成虫（图3-1-4）　体长23～36mm，宽5～9mm，栗色至栗黑色。体狭长，两侧平行。额具刻点，触角及复眼之间有纵向黑色脊纹，复眼后方中央有1条短纵沟，头顶后方有许多小颗粒；触角之间、复眼周围及头顶密生金黄色绒毛。触角鞭状11节，雄虫触角较雌虫稍长，约为体长的3/4，第5～10节外侧扁平，外端角钝，内侧具小的内端刺。第11节扁平。前胸背板前后端具横脊，中间两侧圆弧状突出呈鼓状，其上具19条隆起的纵脊，纵脊之间的深沟丛生淡黄色绒毛。小盾片较大，密被金色绒毛，鞘翅基部阔，末端较狭，后缘斜切，内缘角突出，刺状；翅表面密布刻点，基部刻点较粗密，除具灰白色短毛外，翅面尚有由金黄色毛组成的长斑纹，排列成 5 纵行。体腹面及足密被灰色或灰褐色绒毛。

卵　长 2mm，宽 1mm，椭圆形，初为乳白色，后呈黄褐色，表面粗糙无光泽。

幼虫（图 3-1-5）　共 12 龄。老熟幼虫体长 58~77mm，胸宽 8~11mm，乳黄色，被稀疏的褐色毛。头部背面前端漆黑色，上颚发达，黑褐色，凿形。前胸背板似革质，散生褐色细毛，前部具较浅的小刻点，有两个黄褐色横斑，中区较光滑，颜色较淡，后缘呈乳白色盾状隆起，上具纵沟，两侧纵沟较细而平行；具后背板褶；前胸腹板主腹片后缘具 5~7 个乳头状突起。胸部气门位于中胸中部，椭圆形。腹部第 1~7 腹节背面和腹面均有小疣突起，背面的小泡突由 4 列疣突组成，腹面的小泡突仅有 2 列疣突。

蛹　裸蛹，体长 36~39mm，宽约 11mm，初期为黄白色，后变淡黄褐色，较扁平。腹侧面及背面具刺状突。触角纤细，呈弧状，贴于体侧，和翅芽平行，不达翅端。

生活习性　在华南地区年发生 1 代，跨年完成，部分两年 1 代。主要以幼虫越冬，也有少数蛹或成虫在孔道内越冬。成虫寿命 14~35d。成虫发生时间因地区略有差异。在海南，成虫出现于 3~7 月，4~6 月是其羽化及交尾产卵高峰期；在云南，6~8 月为成虫羽化盛期。成虫羽化后在蛹室中滞留一段时间（10~30d），后经排粪孔爬出。成虫羽化、交尾、产卵等活动均在夜间进行，有趋光性。白天多栖息在叶片浓密的枝条上。成虫一生可发生多次交尾，多次产卵，经交尾的雌虫在雄虫离去数分钟后即开始产卵。交尾后的雌成虫产卵于枝条末端的芽痕或枝条伤口的皮层与木质部之间的缝隙中。每雌虫一生产卵十几粒至几百粒不等。卵期 10~12d。卵散产，多一处 1 粒，也有 6~8 粒黏结成块的。幼虫期 260~310d。幼虫孵化后即蛀入枝条向主干方向钻蛀。隧道为简单的圆筒形，内壁黑色，幼虫可在其中上下活动。被害枝干上每隔一定距离有一排粪孔。幼龄时排粪孔小而密，随着虫龄增长，排粪孔渐大且距离逐渐加大。在小枝条的孔洞外黏附有疏松的黄白色粒状虫粪及木屑；大枝干或主干排粪孔外及下方的叶片上或地上存在新鲜、凝结成块的混着黑色黏稠树体分泌物及木屑的虫粪，是此虫存在的重要标志。幼虫钻蛀的方向因钻蛀部位不同而不同，在小枝条里，沿树枝中心向下延伸；在大枝干里，常靠边材钻蛀；如枝条侧斜，其隧道及排粪孔常在下侧方；而枝干若竖直，则各个方向均可被蛀害。不论隧道在枝干的方向如何，其排粪的分支子隧道一定是向下倾斜，以利排粪和防雨水侵入。蛹期 30～50d。老熟幼虫在原隧道内筑一长 7～10cm 略宽于一般隧道的蛹室内化蛹，蛹室的两端常用白色分泌物封闭。

防治方法

(1) 农业防治 清除虫害枝。结合田间管理，根据各地芒果采收情况，每年收果后，逐株检查，发现虫枝即从最后（最下方）一个排粪孔下方 15cm 处剪除虫害枝，以后每 1～2 个月复查 1 次，即可将此虫控制在危害初期。新植果园于次年起开始检查虫害情况，并长期坚持。

截冠复壮。对于树冠已破坏的重虫害树，可在收果后进行重修剪，将病虫老弱枝全部锯除，只保留主干枝或按需求进行芽接，同时加强抚管，增施有机肥，促进新冠形成。

(2) 物理防治 在成虫大量羽化及飞出交尾、产卵的时间，应加紧巡园观察，发现成虫时可用捕虫网加以捕杀；发现天牛蛀道的孔洞，可用铁线穿刺孔道钩杀幼虫。

(3) 药剂防治 采用注射器将 40％辛硫磷或 80％敌敌畏 50 倍液 5～10mL 注入隧道，可 100％杀死隧道内的天牛幼虫。注药前，清除最后一个排粪孔口的虫粪后，用小刀或手持电钻钻一向下倾斜的与蛀道相通的孔洞，注入药液后用棉花、胶塞或湿泥封住洞口，并用塑料膜包住，以免药液挥发。若用棉花蘸药液堵塞虫洞，则应用湿泥封住排粪孔以保药效。

2. 芒果切叶象
Mango leaf - cutting weevil

分类　芒果切叶象（*Deporaus marginatus* Pascoe）中文异名切叶象甲、切叶虎等。属鞘翅目 Coleoptera，象甲科 Curculionidae。

分布　国内：广东、广西、海南、云南、福建、四川、台湾。
　　　　国外：缅甸、印度、斯里兰卡、马来西亚等。

寄主　芒果、扁桃、腰果、龙眼。

危害　成虫取食嫩叶的上表皮和叶肉，造成近圆形的取食斑，直径约 2mm，留下白色透明的下表皮，几个至十几个取食斑连成片，使叶片卷缩，严重被害的叶片不久便干枯脱落。雌成虫在嫩叶上产卵，并从叶片近基部横向咬断，切口齐整如刀切，带卵部分掉落地面，造成秃梢，单头雌虫切叶 80～145 片。危害严重的几乎将整株嫩叶全部切断，严重影响植物正常生长（图 3-2-1）。

形态特征

成虫（图 3-2-2）　体长 4.0～5.0mm，喙长约 1.5mm。头和前胸枯黄色，喙黑色；触角肘状，基半部为黑褐色，端半部为橘黄色，其上密生细毛。复眼半球形，稍突出于头部两侧，黑色。鞘翅褐灰色，缘折及翅端部灰黑色，肩部及端部黑色，每一鞘翅上有 10 纵列粗刻点，密生浅褐色细毛；鞘翅肩部下伸，肩角呈钝圆状。雌虫比雄虫略大，腹部肥大，腹部末端 1～2 节露出鞘翅外。足胫节、跗节灰黑色，各节端部末端膨大，下方具 1 端刺。

卵　长椭圆形，长 0.7～0.9mm，宽约 0.3mm。表面光滑，初产时白色，半透明，后渐变为淡黄色，具光泽。

幼虫（图 3-2-3）　无足型，共 3 龄。体长 5.2～6.5mm，宽 1.4～1.8mm。初孵时乳白色，老熟时黄白色或深灰色，头部褐色或灰褐色。胴部可见 11 节，体节多具皱纹，腹部两侧各具 1 对肉刺，疏生淡黄色细毛。

蛹 离蛹。体长 3.0～4.0mm，宽 1.4～2.0mm，淡黄色，末期呈浅褐色，两侧焦黑。头部有乳头状突起，上着生刚毛，体背被细毛。腹部向内弯曲，呈淡黄色或灰蓝色；喙管紧贴于腹面，末节着生肉刺 1 对。

茧 扁椭圆形，长 4.0～4.5mm，宽约 4.0mm。土质，内实外松，内壁光滑。

生活习性 芒果切叶象年发生代数因地区而异，在海南年发生 9 代，广西年发生 7 代，云南西双版纳地区年发生 3～4 代。世代历期 30～50d。由于个体发育进度不一致，世代重叠严重，重叠代数可达 4 代。冬季无越冬现象。

卵期 2.5～4.0d。卵的孵化率与其所在叶片的湿度有关，在叶片保湿的情况下，孵化率可达 90%；若叶片掉落地上后受阳光暴晒 1～2d，叶片枯干，孵化率仅为 4% 左右；而在树荫下的叶片中卵的孵化率为 60%～80%。

幼虫期 3～6d。幼虫孵化后潜叶取食，造成蜿蜒曲折的隧道。隧道随虫体生长而逐渐加宽，常连通成片。1 片叶中有多头幼虫时，可将叶肉全部吃空，仅剩上下表皮层。幼虫发育的适宜土壤湿度（土水重量比）为 15% 左右，当大于 20% 时则推迟化蛹，甚至死亡；小于 10% 虫体则失水萎缩卷曲，最终死亡。正在生长的幼虫因干燥会出现滞育现象，1 个月后若再给予适宜的湿度，仍能恢复取食，直至化蛹。

蛹期 6～9d。幼虫老熟后停止取食，入土做茧并进入预蛹期。预蛹期长短与气温和土壤湿度关系密切。当气温 25～35℃时，历时 13～18d；当气温在 15～25℃时约为 30d。幼虫入土化蛹深度与土壤湿度有关。当土壤干燥时，幼虫入土深度可达 3cm，而土壤湿润则只在 1.5cm 的表土层化蛹。

成虫寿命平均 58d，最长可存活 140d，具向上性、趋嫩性、群集性，若遇惊扰即假死落地或飞逸。成虫羽化后常在蛹室内滞留 2～3d 后出土。成虫出土受温度及土壤湿度的影响，如气温低于

20℃则推迟出土；若土壤干燥板结，部分成虫无法破茧，困死于蛹室中。成虫出土后须取食嫩叶及嫩茎、花柄等补充营养，不取食老叶及已着卵的嫩叶；每对成虫平均取食叶肉 $40mm^2/d$，最高的可达 $270mm^2/d$，下午是取食高峰期。取食活动与气温有关，气温在 $10\sim20℃$ 时，取食量随气温下降而减少，当气温低于10℃时，基本不取食并停止其他活动。出土 $2\sim3d$ 后便开始交配，交配后 $1\sim2d$ 开始产卵，产卵期长达 $30\sim60d$，产卵量为 $200\sim495$ 粒/雌。产卵前先用口器在叶片正面主脉的一侧咬一小洞，然后产卵其中，并用口器压实产卵孔周围的叶表皮，由叶脉流出乳胶状物质将其封盖，每片叶上最多可产卵 16 粒，一般 $3\sim7$ 粒，也有些虽咬了产卵孔却没产卵。卵均匀地交互成对产于嫩叶的主脉两侧，卵痕多为略向叶缘外弯的肾形。雌虫在一叶片上产卵后即爬行到近叶基处的边缘，迅速地从一侧咬向另一侧，切叶速度为 $2\sim6mm/min$，每虫一生可切叶 $80\sim145$ 片。将叶片切断后，虫体转移到别的新叶产卵危害。也有叶片虽被产卵却不被咬切或咬而不断，这种现象在高温（$>30℃$）干旱和低温（$<18℃$）干燥季节常有发生。成虫为多交性，未交配的雌虫亦可产卵和切叶，但卵不孵化。新叶生长到一定长度（8.0cm）和宽度（$2.5\sim5.0cm$）时，即成为成虫产卵的场所，叶色转绿、叶形稳定后的叶片就不再受害。成虫的交配、产卵和切叶大多发生在上午 $9\sim10$ 时，风雨天气对以上行为影响不大；成虫 9 月发生最多，因而秋梢受害最严重。

　　成虫有多型现象。根据其腹面的颜色可分为黄色型（黄色）、黑色型（黑色）和居间型（末端 $2\sim3$ 节黄色，其余几节黑色）。自然种群以黄色型为主，占 65.7%，黑色型和居间型占 34.3%。不同色型的个体在寿命、取食、交尾、切叶及同性异色个体大小方面差异甚微，但在产卵量和产卵部位有分化倾向。黄色型 58.8% 的卵产在叶主脉内，黑色型 55.4% 的卵产在主脉侧边叶肉组织中。成虫的三种色型终生稳定，可自然混杂或单独完成生活史，共同组成切叶象甲自然种群。

防治方法

(1) **农业防治**　平时管理结合除草、施肥、控冬梢时翻松园土，破坏化蛹场所；在芒果抽梢期间，注意巡视果园，如发现被芒果切叶象危害的植株，收捡地上的嫩叶，并集中烧毁，消灭虫卵，降低下代虫源。

(2) **生物防治**　蚂蚁和寄生蜂是芒果切叶象的重要天敌，田间自然种群丰富，应加强保护利用。

(3) **生态防治**　有条件的果园，可在果园内牧养鸡，取食幼虫及蛹。此法可兼治叶瘿蚊等入土化蛹的害虫。

(4) **药剂防治**　重点抓好新梢嫩叶叶龄 5d 后开始喷药保护，阻止成虫产卵，杀死初孵幼虫。在嫩梢期，每天早上 10 时前和下午 16 时后振动树枝，发现每枝平均有成虫 3～5 头起飞时，应选用醚菊酯、毒死蜱、氯氰菊酯、顺式氯氰菊酯、溴氰菊酯、联苯菊酯、敌敌畏等进行喷药防治。以上药剂交替使用，减缓害虫产生抗药性。

海南地区每年修剪后，第一、第二蓬梢嫩叶期，可在树冠滴水线内的地面使用敌敌畏、毒死蜱等拌制成含量为 0.3%～0.5% 的毒土进行杀虫，此法可兼治芒果叶瘿蚊。对芒果切叶象发生危害严重地段、地块，不定期采用挑治或点治方法喷药防治。

3. 芒果象属
Mango weeviles

分类　鞘翅目（Coleoptera），象甲科（Curculionidae），芒果象属（*Sternochets*）。包括：芒果果肉象甲（*Sternochetus frigdus* Fabricius）、芒果果实象甲（*S. olivieri* Faust.）、芒果果核象甲（*S. mangiferae* Fabricius）和日本芒果象 *S. navicularis*（Roelofs）共 4 种。日本芒果象在我国未见分布。

(1) **芒果果肉象甲**　中文异名果肉芒果象甲。

分布　国外分布于缅甸、泰国、马来西亚、印度尼西亚、印度、巴基斯坦、新几内亚等，国内分布于云南。

寄主　芒果。

危害　在芒果果肉象甲成虫钻出果前，被害果实从外观上看不到危害状。将受害果实切开后发现，幼虫钻蛀取食后在果肉上形成纵横交错的褐色蛀道，并将粪便堆积在隧道内形成一干燥的蛹室，老熟幼虫在蛹室内化蛹，成虫羽化后继续留在蛹室内直至果实后熟，咬破果皮形成一圆形孔洞钻出果实。一个果实内大部分是1～2头虫，多时达到5头。被害果果肉被虫粪污染，失去食用价值（图3-3-1，图3-3-2）。

形态特征

成虫（图3-3-3）　体长约6mm，宽3mm，长椭圆形，体壁黄褐色，被覆浅褐色、暗褐色至黑色鳞片，头部刻点浓密，具直立暗褐色鳞片。头部短小，复眼深黑色、有光泽，喙长1.5mm，黑褐色、向下弯曲，刻点深且密，中隆线较明显。触角11节，锈赤色，在喙端1/3处嵌入。索节第1、2节等长，索节第3节长略大于宽，其他各节长等于或小于宽，棒卵形，长2倍于宽，被密绒毛，节间缝不明显，额窄于喙基部，中间无窝。前胸背板1.3倍于长，基部1/2两侧平行，向前逐渐缩窄，基部二凹形，刻点深而密，被覆暗褐色鳞片，沿中隆线被覆浅褐色鳞片，中央两侧通常各具两个浅褐色鳞片斑，中隆线细，被鳞片遮蔽。小盾片圆，被覆浅褐色鳞片。鞘翅长略大于宽的1.5倍，前端3/5两侧平行，向后逐渐缩窄。肩明显，被覆暗褐色鳞片，从肩至3行间具三角形浅褐色鳞片带，有时后端具不完全的直带，行纹宽，刻点长方形，行间略宽于行纹，奇数行间较隆，具少数鳞片小瘤。腿节各具1齿，腹面具沟，胫节直。腹板2～4各有刻点3排。鞘翅两侧各有深黑色的刻点形成10条纵沟。

蛹　长椭圆形，初时乳白色，后变为米黄色，腹部末端着生尾刺1对。

幼虫　共5龄。老熟幼虫体长7.0～10.0mm，头部黄褐色，圆形，胴部乳白色，胸足退化为小突起，无趾，仅有1刚毛状物，体表有白色软毛（图3-3-4）。

卵 长椭圆形，长0.8～1.0mm，宽0.3～0.5mm，乳白色、半透明，表面光滑。

生活习性 在云南年发生1代。以成虫潜伏在石下、树皮裂缝、树洞等处越冬。第二年3月越冬成虫复苏开始活动并进入交尾产卵期，4月中、上旬交尾后的雌虫在芒果幼果上来回爬动寻找合适产卵场所，雌虫选好产卵处后，先用喙咬一个小孔，在其中产卵，产卵后，产卵孔被芒果分泌的果汁覆盖，卵在果内孵化。卵期4～6d，幼虫孵化后在芒果内取食60～70d老熟，并在果内由虫粪构成的干燥蛹室内化蛹。预蛹期2～3d，蛹期6～10d，羽化出来的成虫在芒果内短暂逗留，至芒果采收时，果内仍可见到成虫。6、7月，成虫在将成熟或已成熟的芒果果皮上咬一圆形孔，从孔内钻出取食芒果树的嫩叶和嫩梢。成虫有假死性，且耐饥能力强。

（2）芒果果实象甲 中文异名云南果核象。

分布 亚洲：孟加拉国、印度、印度尼西亚、马来西亚、巴基斯坦、泰国、菲律宾、缅甸、斯里兰卡、柬埔寨、越南、中国（云南）。大洋洲：巴布亚新几内亚。非洲：加蓬、毛里求斯、马达加斯加。

寄主 芒果。

危害 芒果果实象甲危害果肉的症状与芒果果肉象甲相似。受害果核切开种皮后，发现子叶受害严重，子叶上无明显蛀道，被蛀食处堆满虫粪，老熟幼虫在虫粪筑成的蛹室内化蛹，成虫羽化后继续逗留在蛹室内直至果核裸露，方咬破种皮形成一圆形孔洞钻出。一个果核内大多是1头虫，个别为2头。被害种子失去萌发能力（图3-3-5）。

形态特征

成虫（图3-3-6） 体长7.0～8.0mm，宽约4.0mm，与芒果果肉象甲的主要区别为：果实象个体稍大。体壁黑色，被覆锈赤色、黑褐色和白色鳞片。芒果果实象甲头部额中间有窝，芒果果肉象甲额中间无窝。鞘翅奇数行间较隆，每行间各具一行小瘤，鞘翅前端有一斜带，斜带较宽，后端有一直带，而芒果果肉象甲鞘翅仅具斜带，直带一般不明显，奇数行间鳞片瘤少而不大明显。

卵 长椭圆形，乳白色，长约 0.8mm，宽约 0.4mm，有一端较小而向内弯。

幼虫 头部很小，黄褐色，胴部乳白色，胸足退化为肉瘤状突起，没有趾钩，但有刚毛 1～2 根（图 3-3-7）。

生活习性 在云南年发生 1 代。以成虫在枝干裂缝及果核内越冬。越冬成虫于第二年 2～3 月恢复活动，在嫩梢或花穗上取食，以补充营养，3 月中、下旬开始交尾产卵，一般在 1 个幼果产卵 1 至多粒卵，幼虫孵化后取食果肉或钻入果核内危害，果肉、果核都失去其应有价值。幼虫成熟后，在果内化蛹。蛹期约 7d。新形成的蛹近白色，但在羽化前变成浅红色。

在每个果内通常只有 1 头成虫，最多可达 6 头。4 月下旬至 5 月中旬是危害高峰期。

(3) 芒果果核象甲 中文异名芒果隐喙象甲、印度果核芒果象。

分布 亚洲：印度、越南、柬埔寨、泰国、菲律宾、缅甸、马来西亚、印度尼西亚、尼泊尔、巴基斯坦、斯里兰卡、孟加拉国、阿曼苏丹国、不丹、阿拉伯联合酋长国、中国（云南）。非洲：中非共和国、加蓬、加纳、几内亚、利比亚、马达加斯加、马拉维、毛里求斯、莫桑比克、尼日利亚、留尼汪、黎巴嫩、塞舌尔、南非、坦桑尼亚、乌干达、肯尼亚、赞比亚。北美洲：美国（夏威夷群岛）。中美洲和加勒比海地区：巴巴多斯、多美尼加、瓜德罗普、马提尼克岛、美属维尔京群岛、圣·卢西亚、特立尼达和多巴哥。南美洲：法属圭亚那。大洋洲：澳大利亚、斐济、法属玻利尼西亚（社会群岛）、关岛、新喀里多尼亚、北马里安纳群岛、汤加、瓦利斯和福图纳群岛。

寄主 芒果果核象除危害芒果外，成虫可在马铃薯、苹果、桃、李、荔枝和菜豆上产卵，幼虫能钻蛀马铃薯，成虫还能取食苹果和花生，但尚未见到能在芒果以外的其他寄主植物完成生长发育的报道。

危害　以幼虫蛀食芒果的果核，引起落果。

形态特征

成虫（图 3 - 3 - 8）　体长 6～9mm，宽约 4mm。身体暗褐色，在前胸背板和鞘翅上有浅的黄白色鳞片斑。头部较小，身体粗短而坚硬，是典型的隐喙象亚科体型。受触动时，足收缩向身体，喙紧紧地嵌入胸沟。喙的接受器长约等于宽，端部宽于两侧边缘。前胸背板中隆线不很明显，被两侧规则鳞片遮盖。胸沟达前足基节之后。身体花斑有变异，基部花斑由彩色鳞片组成，由红色至灰色，夹杂着浅色斑纹。雌虫臀板端部有凹陷，雄虫臀板的末端是圆的。该特征能够容易地将两性成虫区别开。鞘翅的奇数行间不隆起，行间上没有小瘤状突起，鞘翅前端的斜带较窄，后端有一直带。这特征是与芒果果实象的主要区别。

幼虫　与果实象甲相似。在夏威夷幼虫至少有 5 龄。

蛹　初始为乳白色，后变为黄色，头、足、翅及身体部分可见。

生活习性　在云南年发生 1 代。成虫在树皮裂缝下、土壤中及茎秆周围、腐烂果实和种子内越冬。第二年早春成虫出土活动，在幼果上产卵，雌虫分泌褐色物将卵盖住，然后在产卵位置后端 1/4～1/2mm 处切割一新月形切口，受伤果实流出汁液，凝固后在卵外形成半透明的保护层，卵 5～7d 孵化，温度是影响卵期长短的因素。一头雌虫一天可产卵 15 粒，3 个月中最多产卵 300 粒。新孵化的幼虫钻蛀果实进入果核，从幼虫孵化到穿透种皮至少需要 1d。幼虫可容易地穿透各种芒果幼果的种皮，另发现，不能钻进一些品种已成熟了的种皮。幼虫共 5 龄。在 21～29℃ 条件下，幼虫期约 22d。幼虫接近老熟时，受害果脱落。5 月上中旬为虫害果脱落盛期。虫果落地 3～5d 后，老熟幼虫从果核向外蛀孔并爬出，在附近钻入表土 3～5cm 处营造土室化蛹。成虫夜间活动，未观察到飞翔，翅发育良好。成虫有假死习性，在缺少食物供给，并用软木塞塞住的玻璃瓶内可存活 40d，如供给食物和水的成虫可存活 21 个月。在没有芒果的季节，成虫聚集休眠。

三种芒果象的防治方法

（1）检疫处理　依据我国检疫的有关规定，对输入的芒果果实和芒果种子或苗木进行检查，当发现带有芒果象时，应进行熏蒸或辐照或销毁处理。具体处理如下：

种子处理：使用溴甲烷进行熏蒸，处理剂量为 25～30℃常压下 $72g/m^3$，熏蒸时间 3h。

苗木处理：使用溴甲烷进行熏蒸，处理剂量为常温常压下 30～40g/m^3，熏蒸时间 2～4h。

鲜果处理：用 γ 射线辐照处理，处理剂量为 500～850Gy。

（2）农业防治　结合田间管理进行清园，包括铲除果树下杂草、修剪整枝、拾捡落果、烂果、锯平断裂枝条、用波尔多液涂白堵塞树干缝隙、孔洞、精细翻耕土层等。

（3）药剂防治　在芒果象甲发生区，从幼果期开始进行田间巡查，发现为害及时进行防治。可选用毒死蜱、氯氰菊酯、醚菊酯、敌敌畏、顺式氯氰菊酯、高效氯氰菊酯、三氟氯氰菊酯、毒死蜱·氯氰菊酯等喷洒树冠。7d1 次，连喷 3 次。以上药剂交替使用，减缓害虫产生抗药性。

4. 橘小实蝇
Oriental fruit fly

分类　橘小实蝇 *Bactrocera dorsalis*（Hendel），中文异名柑橘小实蝇、东方实蝇、黄实蝇，隶属双翅目 Diptera、实蝇科 Tephritidae、寡鬃实蝇亚科 Dacinae、寡鬃实蝇族 Dacini、果实蝇属 *Bactrocera* Macquart。

分布　橘小实蝇原产于亚洲热带和亚热带地区，我国台湾于 1911 年发现，我国大陆 1937 年有记载，现在我国已分布于海南、广东、广西、福建、云南、四川、贵州、湖南、台湾、香港等省

（自治区、直辖市）。在华南、西南地区有逐年加剧蔓延和猖獗的趋势。

寄主 橘小实蝇的寄主范围很广，可危害46科250多种果树、蔬菜和花卉。主要危害柑橘类、番石榴、杨桃、芒果、香蕉、莲雾、番木瓜、番荔枝、枇杷、龙眼、荔枝、青枣、黄皮、咖啡、蒲桃、红毛丹、人心果、桃、李、苹果、杏、梨、柿、石榴、无花果及辣椒、番茄、丝瓜、苦瓜、黄瓜等瓜果。

危害 橘小实蝇主要危害寄主果实。成虫产卵于寄主果实内，幼虫孵化后在果内危害果肉，引起果肉腐烂，常常造成果实在田间裂果、烂果、落果，或采摘后出现腐烂，引致减产或失去食用价值。切开受害果，其中可发现有幼虫在危害。成虫产卵时在果实表面形成伤口，致使汁液大量溢出，伤口愈合后在果实表面形成疤痕。成虫产卵所形成的伤口容易导致病原微生物的侵入，使果实腐烂。在热带地区，橘小实蝇常与寡鬃实蝇属 *Dacus*、果实蝇属 *Bactrocera* 的多种实蝇混合发生（图3-4-1，图3-4-2）。

形态特征

成虫 体长7.0～8.0mm，翅1对，雌成虫体深黑色，复眼黄色，胸背黑褐色，具2条黄色纵纹，小盾片黄色，腹部赤黄色，有丁字形黑纹；翅透明，长约为宽的2.5倍，翅脉黑褐色（图3-4-3）。

卵 长椭圆形，长0.8～1.2mm，宽0.1～0.3mm，一端较尖细，另一端略钝，初产时白色透明，后渐变成乳黄色。

幼虫 分3龄，一龄幼虫体长1.6～4.0mm，二龄幼虫体长2.9～4.5mm，老熟幼虫6～10 mm。黄白色，蛆形，前端小而尖，后端大而圆。口钩黑色（图3-4-4）。

蛹 体长4.4～5.5mm，宽1.8～2.2mm，椭圆形，初化蛹时淡黄色，后逐步变成红褐色。

生活习性 橘小实蝇的世代历期在不同地区有较大差异。一般卵期1～3d，幼虫期9～35d，蛹期7～14d，成虫羽化后需经10～30d取食补充营养才开始交尾产卵。雌虫选择黄熟的果实产卵于果皮内，小果上不产卵，在完全膨大但未成熟的果实上有少量产卵。产卵于果皮内，每处产卵 5～10 粒，每雌产卵 160～200 粒，最高可达 1 000 多粒。孵化后幼虫在果肉内蛀食危害，老熟幼虫弹跳或爬行到潮湿疏松的土表下 2～3cm 处化蛹。成虫喜食带有酸甜味的物质，夜间喜聚在树冠内。早春高温干旱、夏季相对少雨有利于该虫大发生。成虫具趋光、喜低、栖阴凉环境的习性。

橘小实蝇在我国适生区域内，每年可发生多代，发生的代数与当地的气候、食物等关系密切。田间世代重叠，该虫在广东三角洲地区、海南每年可发生 9～10 代，在福建厦门、云南西双版纳等地，每年发生约 5～6 代，冬季没有明显休眠。在云南西双版纳、元江等地区，6～8 月是成虫发生高峰期，在广东，6～8 月和 11～12 月为成虫发生高峰。

温、湿度及食物是影响橘小实蝇发育、存活和繁殖的主要因素。

橘小实蝇各虫态适宜发育的平均气温在 14℃ 以上，最适发育温度为 25～30℃。气温高于 34℃ 或低于 15℃ 均对其发育不利，会造成成虫大量死亡。整个世代的发育起点温度为 12.19℃，完成整个生活史所需的有效积温为 334.4℃。

湿度与降雨主要影响成虫产卵及幼虫化蛹。月降水量低于 50mm 以下对橘小实蝇种群不利，而 100～200mm 的月降水量有助于橘小实蝇种群的增长。月降水量大于 250mm 以上将导致橘小实蝇种群数量下降。土壤的湿度（含水量）对老熟幼虫化蛹有重要影响。土壤含水量在 60%～70% 时幼虫入土快，预蛹期短，蛹羽化率高；土壤含水量低于 40% 或高于 80% 时，老熟幼虫入土慢，幼虫和蛹的死亡率高。

橘小实蝇的寄主种类多，但不同寄主种类、同种寄主果实的不同成熟度对其取食、繁殖等具有不同的影响。成虫对番石榴等 12 种寄主食物的产卵、取食嗜好性强弱表现为番石榴＞杨桃＞芒果＞番荔枝＞番橄榄＞黄皮果＞枇杷＞人心果＞莲雾＞油梨＞橙＞柑橘。雌成虫易受成熟度高、软、挥发物气味浓的水果气味的吸引，小果、膨大期果实及完全膨大但不成熟的果实受害较轻。果壳较厚、硬的品种受害也较果壳薄、软的轻。在芒果上，雌虫对黄软芒果气味的趋性最强。此外，产于寄主组织中的卵发育快、孵化率高；而裸露或非湿润状态下的卵发育迟缓且很少能孵化。不同芒果品种对橘小实蝇的抗性不同，本地芒、白花芒等品种较感虫，秋芒、泰国芒、象牙、紫花芒、桂香芒、串芒、红象牙等品种抗性较强，其中又以秋芒最为抗虫。

防治方法

（1）加强检疫 依据我国果蔬产品检疫的有关规定，对调运的芒果作物及产品进行检疫及检疫处理。

（2）农业防治 从果实膨大期开始，及时收集田间烂果、落地果，或及时摘除被害果，集中深埋、火烧、沤浸或用杀虫药液浸泡，深埋的深度至少要在 45cm 以上。在冬季或早春于成虫未羽化出土前，结合冬春季节清园，翻耕果园地面土层，有条件的可灌水 2～3 次，杀死土中的幼虫、蛹和刚羽化的成虫。

（3）选用抗性品种 选种抗性品种或果实膨大成熟期与橘小实蝇发生高峰期不一致的品种。

（4）大田果实套袋 在幼果期，据不同品种需求，选择质地好、透气性较强的套袋材料如无纺布等及时进行果实套袋，套袋时扎口朝下。

（5）果实采后处理 可使用热水、蒸汽、冷藏或辐射对果实进行采后处理。处理时应根据品种的不同而选择处理时间、温度或剂量。

（6）保护和利用天敌 使用对橘小实蝇三龄老熟幼虫具有强侵染力的小卷蛾斯氏线虫 *Steinernema carpocapsae* A11 品系等天敌产品于种植园地土壤中施放，使用剂量为 300 条/cm^2；或在种植园进行药剂防治时宜选择对橘小实蝇成虫毒性较高但对天敌低毒性的药剂，保护利用实蝇茧蜂、跳小蜂、黄金小蜂及蚂蚁、隐翅虫、步行虫等橘小实蝇的寄生和捕食性天敌。

（7）应用不育成虫防治 采用剂量为 90～95Gy 的 ^{60}Co 对橘小

实蝇蛹进行辐射不育处理，成虫羽化后投放到野外，其中经处理的雄性成虫与野外的雌性成虫正常交配，但雌性成虫所产下的卵不育。

(8) 利用性引诱剂或诱饵诱杀成虫　可选用 S（Steiner）诱捕器或 M（Mcphail）诱捕器，也可自制引诱瓶（可选用可乐瓶，在半壁开 5cm×5cm 小孔口，把盖封紧，用铁线穿过瓶盖，在瓶内固定挂置诱芯），利用大小约为 5cm×5cm×0.2cm 低密度的纤维板或海绵或棉花为诱芯，在诱芯中加上引诱剂和杀虫剂，诱杀成虫。

选用醚菊酯、三氟氯氰菊酯、多杀霉素、敌百虫、敌敌畏等药剂加入到 1％浓度的蛋白胨或 3％浓度的红糖配制药液喷树冠浓密处。

使用甲基丁香酚（ME）按 10∶2 比例加上多杀霉素或 80％的敌敌畏加注于诱芯。

(9) 药剂防治　选用敌敌畏、毒死蜱等拌制成含量为 0.3％～0.5％的毒土在植株树冠下滴水线范围内撒施，每公顷 450kg 毒土。减少冬季虫口基数。可兼治制芒果切叶象和芒果瘿蚊。

5. 芒果横线尾夜蛾
Mango shoot‐borer

分类　芒果横线尾夜蛾（*Chlumetia transversa* Walker）中文异名芒果蛀梢蛾、钻心虫。属鳞翅目（Lepidoptera），夜蛾科（Noctuidae）。

分布　国内：广东、广西、海南、云南、福建、四川、台湾。
　　　　国外：印度、印度尼西亚、菲律宾、缅甸、泰国。

寄主　芒果。

危害　横线尾夜蛾主要危害芒果嫩梢及花穗。以幼虫蛀食嫩梢或花穗的髓部，导致受害部位枯死。严重影响幼树生长和结果树的产量（图 3-5-1）。

形态特征

成虫 体长 9～11mm，翅展 19～23mm。体背黑褐色，腹面灰白色。头部棕褐色，前额被黄白色鳞毛，下唇须前伸，黑褐色，末端灰白色。颈片、翅基片、胸部背面均为黑色。雌虫触角丝状，雄虫触角基部栉齿状，端部丝状具纤毛。胸腹交接处有一八字形白色斑纹。前翅茶褐色，基线以内深褐色，如一大三角形斑；肾形纹浅褐色，镶黑边；中线细小，外线呈宽带状，微弯，分三层，内层黑褐色、宽阔，中层浅褐色，外层线状白色；亚端线宽阔，曲折成锯齿状，呈褐色；外层白色锯齿状纹很明显，大多中断不连接，有时中断成三段；端线黑色，为翅脉所间断，分成 6 个黑斑。后翅灰褐色，近后角有 1 白色短横纹，外缘黑色，各脉端部白色。腹部 2～4 节背中央耸起黑色毛簇，毛簇端部灰白色，腹部各节两侧各有 1 白色小斑点。

卵 扁圆形，直径约 0.5mm。初产时青绿色，后转赤褐色，孵化前色变淡。卵表面有纵沟 54～55 条，有整齐的横格 7～8 个，接近顶端的横格颇不规则，卵顶中央有 8～9 片梅花状纹。

幼虫 4～6 龄，老熟幼虫体长 13～16mm，暗绿色，具红斑。头部及前背板为黄褐色，胸足绿色带褐。腹足趾钩列为单序中带，略呈弧形（图 3-5-2）。

蛹 体长 9～11mm，初化蛹时呈青褐色，后渐变褐色。复眼黑褐色。胸腹各体节散布着粗细不一的刻点。下唇须呈纺锤形，下颚须越过翅中部，略长于前足末端。中足接近翅端，后足微显露，与翅端齐平。触角短于中足。腹部末端钝圆光滑，不具臀棘。

生活习性 横线尾夜蛾年发生多代，世代重叠。完成 1 代的时间因季节而异，一般 38～60d，但冬季可长达 110 多天，通常世代历期长短与气温高低及植株新梢萌发迟早有关。在广西南宁年发生 8 代，每年 2～4 月危害春梢和花序，4～6 月和 8～10 月危害夏、秋梢。在海南岛年发生 8～10 代，12 月至翌年 1 月为第一个虫口高峰期，危害花芽和嫩梢；5～6 月和 9～10 月发生量也较大，分别危害夏梢和秋梢。花穗被害影响坐果和引起落果。

成虫期 10～20d。成虫的趋光性和趋化性都很弱。翌年 1～2月成虫开始羽化，羽化时间多在上午。在田间，成虫白天静伏于树干上或栖息于荫蔽处，下半夜为交配盛期。一般在交配后第 3、4天开始产卵，最早开始于次晚，少部分个体 10 多天后才产卵。产卵多在上半夜进行。卵散产，成虫产卵时连续产卵 10 多粒后稍停息，然后又继续。卵产于新梢下部或嫩叶下表面，少数产于嫩枝、叶柄和花序上，产卵量为 54～435 粒/雌。

卵期在夏、秋季约需 3d，冬春约 4d。幼虫历期的长短与温度密切相关，24～28℃仅需 11～14d；低温或日夜温差大时，历期延长。幼虫大多在上午孵化。幼虫出壳后相当活跃，爬行寻找入侵部位。一二龄幼虫主要危害嫩叶叶脉、叶柄，也有初孵幼虫直接危害嫩梢、花穗和生长点的；三龄以上幼虫主要钻蛀嫩梢，一头幼虫可转移为害多个嫩梢。幼虫老熟后从危害部位爬出，寻找化蛹场所，大部分个体爬行到植株根部周围的土中化蛹，部分直接在树干伤口、枯枝、天牛排泄物处吐丝封口化蛹。蛹期 10～16d，随气温高低长短不同。11 月下旬至 12 月以预蛹或蛹开始在芒果枯枝、树皮、天牛排泄物处越冬。

当树上被害梢开始出现凋萎状，则其中老熟幼虫已爬出，而尚未出现凋萎状的被害梢中尚有幼虫存在。这一特点为确定人工诱蛹防治此虫的适宜收蛹时间提供依据。

防治方法

（1）人工防治　用石灰水涂刷树干，营造不利于幼虫化蛹的环境；在虫害较严重的果园，可在树干上绑扎塑料薄膜包椰糠（木糠）、草把或稻草，诱集老熟幼虫入内化蛹，定期取下烧毁。具体方法如下：剪取 10cm 宽的农用塑料薄膜（长度视树围大小而定）松松地环绕树干一圈，并留 10cm 长的接口重叠，其下端用包装带紧紧绑在树干上，拉开薄膜上端使之呈喇叭口状，填入湿润椰糠或木糠，以诱集沿树干下爬的横线尾夜蛾幼虫在其中化蛹。从田间 20％被害梢出现凋萎之日起 10～12d 内收蛹，即下翻薄膜，倾落带蛹椰糠并收集，同时填入新材料备用。此法对减少下代虫源的效果显著。

（2）生物防治 ①保护和增殖寄生天敌。在田间，幼虫寄生蜂花翅跳小蜂（*Microtrys* sp.）寄生致死率高达56％；蛹寄生蜂，大腿小蜂（*Bracaymeria* sp.）寄生率最高可达89％。将人工诱到的虫蛹置于2.0mm×2.0mm的网笼中；悬挂于芒果植株上，待寄生蜂羽化后飞出，从而保护和增加天敌。②养鸡灭虫。在芒果害虫中，入土化蛹的害虫除了横线尾夜蛾外，还有其他鳞翅目害虫及切叶象甲、橘小实绳、叶瘿蚊等。因此，在果园中养鸡取食入土化蛹的害虫，对抑制害虫种群的增长有着不可低估的作用。

（3）药剂防治 注意用药时间，重点抓好幼虫刚孵化至三龄前施用药剂，在新梢或花穗开始萌动至新梢转绿或花穗盛花前期定期喷药，或在这个时期当幼虫虫口密度达到每平方米树冠10头以上时立即喷药防治，可选用氰戊菊酯、溴氰菊酯、三氟氯氰菊酯、啶虫脒、吡虫啉、Bt等；在横线尾夜蛾产卵期可分别用80％敌敌畏或90％敌百虫杀卵。以上药剂交替使用，减缓害虫产生抗药性。

6. 芒果重尾夜蛾
Mango leaf – feeder

分类 芒果重尾夜蛾（*Penicillaria jocosatrix* Guenee），中文异名芒果叶夜蛾。属鳞翅目（Lepidoptera），夜蛾科（Noctuidae）。

分布 海南、广东、广西、福建、云南等地。

寄主 芒果。

危害 以幼虫咬食嫩叶和嫩梢，严重时，常常将嫩叶吃光，仅留老叶，也危害花芽。

形态特征

成虫 体长约15mm，翅展26～28mm，前翅紫褐色，亚缘线明显，靠内呈紫红色，中线前半部模糊，后半部明显，近顶角处有1白色斑纹，缘毛紫褐色；后翅基半部白色，端半部紫褐色，翅中央有1个黑点。

卵　扁圆形，黄绿色。

幼虫　老熟幼虫体长约 24mm，头部淡黄色，臀节较膨大，刚毛短，背面毛片紫红色，有的体背有细小不规则的紫红色斑。气门椭圆形，色深，腹足趾钩单序中带（图 3 - 6 - 1）。

蛹　红褐色，尾端钝圆，无臀刺。

生活习性　雌成虫夜间活动，弱趋光性。多在未展开的幼叶或花芽鳞片处产卵。初孵幼虫取食幼芽，随着幼虫龄期的增加，便咬食嫩叶。老熟幼虫沿树干往下寻找隐蔽处吐丝结茧化蛹，茧薄且附有虫粪及堆积物。

防治方法

（1）人工防治　在大发生期间，可采用主干绑扎塑料薄膜包椰糠（木糠）诱集蛹。具体方法同芒果横线尾夜蛾。

（2）药剂防治　当芒果抽梢 3.0～4.5cm 长时，据田间虫情进行喷药，可选用氰戊菊酯、溴氰菊酯、三氟氯氰菊酯、吡虫啉、啶虫脒、Bt、氟铃脲、杀铃脲等。以上药剂交替使用，减缓害虫产生抗药性。

7. 褐边绿刺蛾
Green cochlid

分类　褐边绿刺蛾［*Latoia consocia*（Walker）］异名（*Parasa consocia* Walker），中文异名青刺蛾、四点刺蛾、曲纹绿刺蛾、洋辣子。属鳞翅目（Lepidoptera），刺蛾科（Eucleidae）。

分布　全国各地均有分布。

寄主　芒果、苹果、梨、桃、李、杏、梅、樱桃、枣、柿、核桃、珊瑚、板栗、山楂、大叶黄杨、月季、海棠、桂花、牡丹、芍药、杨、柳、悬铃木、榆等。

危害　幼虫取食叶片造成危害。低龄幼虫群集取食叶肉，仅留表皮，中龄后分散取食，老龄时将叶片吃成孔洞或缺刻，有时仅留叶柄，严重影响树势。

形态特征

成虫 体长 15～16mm，翅展 36～40mm。头、胸和背部绿色，复眼黑色，雌虫触角褐色，丝状，雄虫触角基部 2/3 为短羽毛状。胸部中央有 1 条暗褐色背线，前翅大部分绿色，基部有暗褐色大斑，外缘为灰黄色宽带，带上散有暗褐色小点和细横线，带缘内侧有暗褐色波状细线，后翅和腹部灰黄色（图 3-7-1）。

卵 扁椭圆形，长 1.4～1.5mm，初产时乳白色，渐变为黄绿至淡黄色，数粒到数百粒在叶背或枝条上排列成块状。

幼虫 初孵化时黄绿色，长大后变为绿色。头甚小，黄色，常缩在前胸内。前胸盾上有 2 个横列黑斑。中胸至第八腹节各有 4 个瘤状突起，上生黄色刺毛束，第一腹节背面的毛瘤各有 3～6 根红色刺毛；腹末有 4 个毛瘤丛生蓝黑刺毛，呈球状；背线绿色，两侧有深蓝色点。腹面浅绿色。胸足小，无腹足，第一至七节腹面中部各有 1 个扁圆形吸盘。老熟幼虫体长 25～28mm，略呈长方形，圆柱状（图 3-7-2）。

蛹 长 12～15mm，椭圆形，肥大，黄褐色。包被在椭圆形，棕色或暗褐色，长 14～17mm 的似羊粪状的茧内。

生活习性 在广西一年发生 2～3 代，以老熟幼虫在树干、枝叶间或表土层的土缝中结茧越冬。由于各地气温不同，有些地区在第二代老熟幼虫结茧较早，当年还可化蛹和羽化，并产生第三代幼虫。4 月下旬开始化蛹，越冬代成虫 5 月中旬始见，第一代幼虫 6～7 月发生，第一代成虫 8 月中下旬出现；第二代幼虫 8 月下旬至 10 月中旬发生。10 月上旬陆续老熟于枝干上或入土结茧越冬。

成虫昼伏夜出，有趋光性，白天隐伏在枝叶间、草丛中或其他荫蔽物下。卵块状排列，多产于叶背主脉附近，平均产卵量 150 余粒/雌，卵期 7d 左右。幼虫一至三龄群集，并只咬食叶肉，残留膜状的表皮；四龄后渐分散危害，从叶片边缘咬食成缺刻甚至吃光全叶；老熟幼虫迁移到树干基部、树枝分叉处和地面的杂草间或土缝中作茧化蛹。

防治方法

（1）人工防治　结合树冠修剪，进行树干涂白、摘除虫茧，降低来年虫源数量；结合田间巡查，在低龄幼虫群集危害时人工摘除叶片捕杀。

（2）物理防治　利用黑光灯诱杀成虫。

（3）生物防治　该虫田间天敌有螳螂、猎蝽、绒茧蜂、紫姬蜂和寄生蝇等，应注意保护利用。可在秋冬季收集虫茧，放入纱笼，保护和引放寄生蜂；另外，可使用每克含孢子 100 亿的白僵菌粉 0.5～1.0kg，在雨湿条件下防治一至二龄幼虫。

（4）药剂防治　幼虫发生期及时选用醚菊酯、毒死蜱、灭幼脲 3 号、氟铃脲、杀铃脲、鱼藤酮、氯氰菊酯等进行喷雾防治。以上药剂交替使用，减缓害虫产生抗药性。

8. 扁 刺 蛾

Flattened eucleid

分类　扁刺蛾〔*Thosea sinensis*（Walker）〕中文异名黑点刺蛾。属鳞翅目（Lepidoptera），刺蛾科（Eucleidae）。

分布　分布于黑龙江、吉林、辽宁、河北、山东、安徽、江苏、浙江、湖北、湖南、江西、福建、四川、云南、陕西、广东、广西、海南等地。

寄主　芒果、柑橘、苹果、梨、桃、李、杏、枣、樱桃、核桃、山楂、柿、石榴、栗、山茶、栀子花、海棠、月季、枫杨、大叶黄杨、樟树、悬铃木、榆、杨、柳、紫荆、梅、牡丹、芍药、桂花、广玉兰、紫薇、榕树等 80 余种。

危害　低龄幼虫啃食叶肉，稍大后将叶片吃成缺刻或孔洞，发生严重时仅残留叶柄或主脉，形成光杆，严重影响树势。

形态特征

成虫　体长 13～18mm，翅展 28～39mm，体暗灰褐色，腹面及足色深，雄虫触角羽状；雌虫触角基部 10 多节呈栉齿状，端部丝状。前翅灰褐稍带紫色，中室外侧有一明显的暗褐色斜纹，自前缘近顶角处向后缘中部倾斜；中室上角有一黑点，雄虫较明显。后翅暗灰褐色。前胸足各连接关节具一白斑（图 3-8-1）。

卵 长约 1.1mm，扁椭圆形，初产时淡黄绿色，后呈灰褐色。

幼虫 老熟幼虫体长 21～26mm，扁椭圆形，背似龟背，全体绿色或黄绿色，背线白色、边缘蓝色；体边缘每侧有 10 个瘤状突起，上生刺毛，各节背面有两小丛刺毛，第四节背面两侧各有 1 个红点（图 3-8-2）。

蛹 体长 10～15mm，近椭圆形，前端较肥大，初期乳白色，近羽化时变成黄褐色。茧长 12～16mm，椭圆形，暗褐色，坚硬。

生活习性 北方年发生 1 代，长江下游地区 2～3 代。均以老熟幼虫在树下 3～6cm 土层内结茧以预蛹越冬。1 代区 5 月中旬开始化蛹，6 月上旬开始羽化、产卵，发生期不整齐，6 月中旬至 8 月上旬均可见初孵幼虫，8 月危害最重，8 月下旬开始陆续老熟入土结茧越冬。2～3 代区 4 月中旬开始化蛹，5 月中旬至 6 月上旬羽化。第一代幼虫发生期为 5 月下旬至 7 月中旬。第二代幼虫发生期为 7 月下旬至 9 月中旬。第三代幼虫发生期为 9 月上旬至 10 月。以末代老熟幼虫入土结茧越冬。成虫多在黄昏羽化出土，昼伏夜出，具有较强的趋光性；交尾后次日晚产卵。卵散产，多产于叶面，偶尔产于叶背。卵期 7d 左右。幼虫共 8 龄，初孵幼虫先食卵壳，二龄后转至叶背，六龄幼虫取食全叶仅留叶柄。发生严重时，能将全株吃光，严重影响树体生长。老熟幼虫多夜间下树入土结茧。在土壤浅层结茧时，离树干较近处相对集中，离树干越远，越分散。

防治方法

（1）人工防治 春、秋季节结合田间管理，收集树下表土层中和杂草丛中的虫茧，集中处理。利用三龄前幼虫群栖习性，及时摘除带虫叶片。

（2）物理防治 利用刺蛾类成虫有较强的趋光习性，采用诱虫灯诱杀成虫。

(3) 生物防治 该虫田间天敌种类丰富，如刺蛾紫姬蜂、螳螂、多瘤蜂等，应注意保护利用。

(4) 药剂防治 幼虫发生危害时选用高效氯氰菊酯、溴氰菊酯、阿维菌素、氟铃脲、杀铃脲等进行喷雾防治，每隔 10d 喷 1 次，视田间虫情连续喷雾 2～3 次。

9. 芒果小齿螟
Mango denticle moth

分类 芒果小齿螟（*Pseudonoorda minor* Munroe）属鳞翅目（Lepidoptera），螟蛾科（Pyralidae）。

分布 国内芒果各产区。

寄主 芒果、橄榄等。

危害 主要以幼虫钻蛀果实，受害果表面虫粪累累，失去食用价值；株受害率达 10%～80%，果实受害率 5%～60%；同时引起大量落果，造成严重经济损失（图 3-9-1）。

形态特征

成虫 体长 9～14mm，翅展 22～28mm。复眼突起黑色。头下部至腹面为灰白色，有光泽。触角线状，头部褐色。头部至胸部和翅基部共有 7 个白色小斑点，其中头部一个，胸部两侧各一个，两侧翅基部各两个，形成一个似八字形。腹背板第三节和第四节交接处有一个小白点。腹末端为灰黑色，翅为灰色，翅上有 6 个小黑点，翅外缘、翅顶角和缘纤毛为灰黑色。中后足具有距，在前足上有灰黑色绒毛，在中足上具有黑色绒毛，腹部与翅齐平或略长于翅。

卵 淡黄色，扁圆形。

幼虫 末龄体长 18.5～20mm。一龄幼虫体色为淡黄色，分节不明显，以后渐为淡红色或鲜红色，末龄幼虫为红褐色或紫褐色。幼虫体节 11 节，其中腹部 8 节，体节分节明显。头部褐色，前胸背板黑色，同时在黑色斑以中纵线分裂为两块，腹足趾钩为单行长短相间（图 3 - 9 - 2）。

蛹 体长 11～15mm。初期体色为淡褐色，近羽化时深褐色（图 3 - 9 - 3）。

生活习性 芒果小齿螟在广西年发生 3 代，世代重叠。老熟幼虫在树干的裂缝内化蛹或以滞育的老熟幼虫越冬。第二年 3 月下旬越冬老熟幼虫陆续结茧化蛹。4 月上旬为成虫羽化盛期。4 月中旬为第一代卵孵化盛期。4 月中旬至 5 月为第一次幼虫危害高峰期。5 月底至 6 月初幼虫陆续化蛹。6 月上、中旬为成虫羽化高峰期和第二代卵孵化期。6 月中旬为幼虫发生危害的第二次高峰期。6 月底至 7 月初第二代老熟幼虫陆续化蛹。7 月中旬为第二代成虫羽化和第三代卵孵化高峰期。7 月中下旬幼虫陆续危害，8 月下旬至 9月上旬幼虫老熟，陆续转移到树干裂缝内滞育越冬。在田间，该虫 5 月初虫口密度逐渐增高，6 月以后开始出现世代重叠，7、8 月逐渐减少。

成虫无趋化性，有弱趋光性。成虫多在凌晨 3 时至 8 时羽化，占羽化总数的 91.4%。羽化后成虫飞到树冠内活动（白天多躲在树冠内栖息），经 1～3d 后交配，交配时间为晚上 19～22 时和凌晨 2～3 时，以晚上 19～22 时为多，交配时间 47～545S，交配后即可产卵。卵产于果实表面或果柄附近，散产或聚产；卵期 4～8d，产卵量 6～76 粒/雌，成虫寿命 2～17d；雌雄比例为 1∶1.4。幼虫孵化后即在果实表面蛀食危害，初孵幼虫危害轻，二龄以后危害加重，幼虫有转果危害习性，一般 1 个受害果有 1～2 头虫危害，多的可达 10 头，受害严重的果实腐烂脱落；1 头幼虫可转果（花生粒至龙眼大小的果）危害达 7 个。

防治方法

（1）检疫防治 依据我国检疫的有关规定，对调运的芒果作物及产品进行检疫及检疫处理。

（2）农业防治 加强栽培管理，保持果园清洁。及时清理落果，并集中处理，如挖坑深埋，或倒入粪池浸泡等，不得随地堆放或乱丢。

（3）**药剂防治** 坐果期使用药剂进行保果，重点掌握好幼虫刚孵化至蛀入果实前进行喷药防治。可选用溴氰菊酯、氯氰菊酯、氰戊菊酯、氟铃脲、杀铃脲、阿维·甲维盐等喷施幼果。每隔10～15d喷1次，连喷2～3次。

10. 芒果蛱蝶
Mango vanessa

分类 芒果蛱蝶（*Euthalia phemius* Doubleday）属鳞翅目（Lepidoptera），蛱蝶科（Nymphalidae）。

分布 福建、广西、广东、海南等地。

寄主 芒果等漆树科植物。

危害 低龄幼虫咬食叶表组织，造成叶片呈缺刻状，近老熟时，可将叶片食光，仅剩中脉，影响树势。

形态特征

成虫 雌雄异型。雄成虫体长约23mm，翅展62mm，体背黑色，腹部灰白色，触角黑褐色，锤状部底面和末端红色。翅黑棕色，前翅中室内有黑色线纹围成的空心大横斑两个，一个在中部，一个在室端；中室外有一排白色条斑，后翅臀角有一浅蓝色区，外缘镶边黑色，似锯齿状。后翅自外缘至臀角有一个宽阔的浅蓝色区。雌成虫体长约25mm，翅展68mm，色较浅，前胸黑灰色，前翅有一宽大的白色斜带，自前缘中部伸向后角，前缘近顶角处有两个并排的小白点，后翅无浅蓝色区（图3-10-1）。

卵 近半球形，直径约1.5mm，灰绿色。表面有粗大的蜂窝状网纹，并遍生白色竖毛。

幼虫 老熟幼虫体长约38mm，绿色，背线宽大，淡黄白色杂有紫红色，体两侧伸出10对长而尖的羽毛状突起物，其长超过体宽的1倍。头部隐藏于突起下面，粗看头尾难分（图3-10-2）。

蛹 近菱形，淡绿色。头部两个尖角都是金黄色，有反光；胸部后缘及侧面共有五个金黄色斑点。

生活习性 在海南一年四季均可见幼虫危害，在广西4～10月可见幼虫危害。成虫白天活动、交尾、产卵。卵散生在叶片上，每叶1粒。幼虫常栖息在叶梢正中，因其背线颜色与叶片中脉相似，不易察觉。幼虫老熟后，迁到较完好的叶片，倒挂在叶背中脉化蛹。

防治方法

(1) 农业防治 结合修剪整形，摘除叶片上的虫蛹。白天用网捕成虫。

(2) 药剂防治 在幼虫发生高峰期，可选用溴氰菊酯、阿维菌素、氰戊菊酯、三氟氯氰菊酯等喷施。

11. 芒果毒蛾
Mango tussock moth

分类 芒果毒蛾 *Lymantria marginata* Walker，中文异名黑边花毒蛾。属鳞翅目（Lepidoptera），毒蛾科（Lymantriidae）。

分布 广西、广东、海南、云南、福建等地。

寄主 主要危害芒果、板栗。

危害 芒果毒蛾以幼虫咬食新梢、花穗、幼果，大发生时可将全树的叶片及花穗吃光，危害甚烈。在果实膨大期咬食果实危害，造成果皮粗糙或有缺刻，失去商品价值。

形态特征

成虫 雄虫体长16～18mm，翅展40～43mm；雌虫体长20～22mm，翅展57～61mm；雄蛾触角、下唇须黑色，头部黄色，胸部灰黑色带白色和橙黄色斑；腹部橙黄色，背部和侧面有黑斑；前翅棕色，后翅棕黑色（图3-11-1）。

卵 圆形，直径约1mm，褐色。

幼虫 老熟幼虫体长28～45mm，头部灰褐色，无光泽，具八字形褐色条纹，体灰褐色，前胸两侧有黑色毛束一对，背线淡褐色，亚背线褐色，各节上有黑点1个，气门线部位各体节均有毛瘤，毛呈淡黄褐色，腹部第六、第七节背面中央各有一个白色翻缩腺；胸、腹足均为黄色（图 3-11-2）。

蛹　裸蛹，雌蛹长 21～25mm，雄蛹长 14～19mm，红褐色，纺锤形。

生活习性　芒果毒蛾在海南年发生 6 代。雌性幼虫共 7 龄，雄性幼虫 6 龄。在 25℃条件下，平均世代发育历期为 65d，世代发育起点温度为 12.73℃，有效积温为 715.2℃。成虫寿命 7～9d。成虫昼伏夜出，活动能力不强。成虫主要产卵于嫩梢、叶片背面和花穗枝梗上，每雌产卵量为 300 粒左右。未经交配的雌虫亦能产卵，但产的卵不能孵化。幼虫孵化后，先群集在一起，经过 1～2d 或受惊动后才分散危害，一至二龄幼虫常能吐丝下垂，无假死性，畏光，常在叶背取食，食量不大，将叶背面啃成斑窗状，三龄以后的幼虫开始任意取食，且食量大增，从叶缘开始啃食，有时仅剩下主叶脉，喜食花蕾，并蛀食幼果。老熟幼虫在果园杂草上、枯枝落叶或在表土层结茧化蛹。化蛹后在尾部有丝与固着物相连。雄蛹通常比雌蛹羽化早。

防治方法

（1）农业防治　毒蛾产卵呈块状，比较集中，多数种类一至二龄幼虫有群集取食习性，容易发现。结合果园的栽培管理，清洁果园，彻底清除果园内的枯枝落叶，加强整形修剪等，可清除在枝叶上的卵块、初孵幼虫和蛹。

（2）物理防治　毒蛾成虫多有较强的趋光性，可在成虫盛期，利用黑光灯、高压汞灯或频振式杀虫灯等诱杀。此外，还可利用性诱剂诱杀雄成虫。

（3）生物防治　①保护和利用天敌。毒蛾类害虫均有卵跳小蜂、松毛虫黑点瘤姬蜂等多种寄生性和捕食性天敌，这些天敌对毒蛾类害虫的种群有较强的控制作用，加强保护利用，在田间施用化学农药时，尽量选择对天敌杀伤力小的农药和施药方法。②利用病原微生物。控制毒蛾害虫的病原微生物有真菌、细菌和病毒等，当毒蛾类害虫在田间普遍发生危害时，可用白僵菌、Bt、核型多角体病毒或质型多角体病毒制剂等喷施防治。

(4) 药剂防治 在毒蛾类害虫大发生时，田间重点抓好幼虫刚孵化至三龄幼虫前选用溴氰菊酯、三氟氯氰菊酯、灭幼脲Ⅲ号、毒死蜱、阿维菌素、氰戊菊酯等，按使用说明施用。

12. 双线盗毒蛾
Cashew hairy caterpillar

分类 双线盗毒蛾［*Porthesia scintillans*（Walker）］异名（*Euproctis scintillans* Walker），中文异名棕衣黄毒蛾、桑褐斑毒蛾。属鳞翅目（Lepidoptera），毒蛾科（Lymantriidae）。

分布 广东、广西、福建、台湾、云南、四川、江苏、海南等地。

寄主 寄主广泛，包括芒果、龙眼、荔枝、柑橘、梨、桃、人心果、枇杷、扁桃果、玉米、棉花、甘蔗、茶、豇豆、花生、粉葛、丝瓜、辣椒、菜豆、葵菜、甘薯、黑荆树、刺槐、枫树、黄檀、蓖麻、红花羊蹄甲、南洋楹、大叶紫薇、木棉、白兰、黄兰、海南红豆、四季海棠、荷花、鱼尾菊等多种植物。

危害 以幼虫取食叶片、花和果实，造成叶片缺刻，严重时叶片仅剩网状叶脉；咬食花或小果，使受害花果脱落；果实膨大后危害造成果实表面粗糙或缺刻，影响果实产量和质量。

形态特征

成虫 体长 10.0～13.5mm，雄虫翅展 19～26mm，雌虫 25～37mm，体黄褐色，头部和颈板橙黄色，胸部浅黄棕色，腹部黄褐色，肛毛簇橙黄色。前翅赤褐色，微带浅紫色闪光，翅上有两条黄色的波状纹，有的个体不清晰。前缘、外缘的缘毛黄色，外缘缘毛黄色部分被赤褐色部分分隔成 3 段。后翅黄色（图 3 - 12 - 1）。

卵 扁圆形，横径 0.6～0.7mm，中央凹陷。初产时黄色，后渐变为红褐色。由卵粒聚成块状，卵块上有棕色短毛覆盖。

幼虫 老熟幼虫体长 22～25mm，头部褐色，体暗棕色，前胸背面有 3 条黄色纵纹，侧瘤橘红色，向前凸出。中胸背面有 2 条黄色纵纹和 3 条黄色横纹。后胸背线黄色。腹部第一、第二节和第八节有棕色短毛刷，其余毛瘤污黑色或浅褐色，第三至第七腹节背线黄色较宽，其中央贯穿深红色细线。第九腹节背面有倒 Y 形黄色斑（图 3 - 12 - 2）。

蛹　圆锥形，长 8.7～13mm，褐色。体表有许多刚毛，末端着生 26 根小钩。有疏松的丝茧，上有毒毛。

生活习性　双线盗毒蛾年发生 5～6 代，第一代卵产于 4 月上旬，4 月中旬孵化，4 月中下旬为幼虫危害盛期，4 月下旬至 5 月上旬为化蛹盛期，幼虫期约 25d。第一、第二代为害花穗及幼果较为严重。以老熟幼虫或蛹在树干基部的表土内、树皮裂缝或洞孔内越冬，冬季暖和时，幼虫仍能取食。春季后，成虫羽化，成虫有趋光性，羽化多在傍晚，羽化当晚即可交尾。雌虫一生只交尾 1 次，次日开始产卵，每雌成虫可产卵 40～84 粒。卵多产在叶片背面或花穗柄上，堆聚成长条形块状，卵期 5～10d。初孵幼虫有群集性，先取食卵壳，后取食叶下表皮和叶肉，把叶片吃成小缺刻。三龄后分散取食，不仅可食尽全叶，还可取食叶柄、花等。幼虫期 15～20d，末龄幼虫吐丝结茧黏附在落叶上化蛹，蛹期 5～10d。

此虫的发生与气温、立地条件、造林密度有关。冬季连续低温，越冬幼虫存活率低，翌年的虫害轻；疏林受害比密林重；行道树、孤立树木比整片纯林重；阳坡地比阴坡地受害重。幼虫天敌有姬蜂和小茧蜂。

防治方法　参考芒果毒蛾防治方法。

13. 小白纹毒蛾
Small tussock moth

分类　小白纹毒蛾 *Orgyia postica*（Walker），中文异名刺毛虫、棉古毒蛾等。属鳞翅目（Lepidoptera），毒蛾科（Lymantriidae）。

分布 广东、广西、福建、云南、台湾等地。

国外分布于缅甸、印度、斯里兰卡、菲律宾、印度尼西亚、马来西亚、澳大利亚、日本等地。

寄主 芒果、茶、棉、草莓、丝瓜、芦笋、萝卜、桃、葡萄、柑橘、梨、莲雾、荔枝、龙眼、毛叶枣和木菠萝等70多种作物。

危害 初孵幼虫群集在叶上危害，后逐渐分散，取食花蕊及叶片。叶片被食成缺刻或孔洞，还咬食果实表面及果肉，造成果实表面粗糙或缺刻，影响果实产量和质量。

形态特征

成虫 雄虫体长约24mm，呈黄褐色，触角羽毛状，前翅棕褐色，具暗色条纹；基线和内横线黑色、波浪形，横脉纹棕色带黑边和白边；外横线黑色、波浪形，前半外弯，后半内凹，亚外缘线黑色、双线、波浪形；亚外缘区灰色，有纵向黑纹；外缘线由一列间断的黑褐色线组成。雌虫翅退化，全体黄白色，呈长椭圆形，体长约14mm（图3-13-1）。

卵 直径约0.7mm，白色，有淡褐色轮纹。

幼虫 体长22～30mm。头部红褐色，体部淡赤黄色，全身多处长有毛块，且头端两侧各具长毛1束，胸部两侧各有黄白毛束1对，尾端背方亦生长毛1束。腹部背面具忌避腺（图3-13-2）。

蛹 幼虫老熟后，在叶或枝间吐丝，结茧化蛹。蛹体黄褐色。茧黄色，带黑色毒毛。

生活习性 该虫在福建闽北地区一年发生6代，世代重叠，每年6～8月可见各种虫态同时存在。以幼虫越冬，越冬幼虫在冬季晴暖天气仍可活动取食，翌年3月上旬开始结茧化蛹，3月下旬始见成虫羽化。雌成虫羽化后因不善飞行，常攀附在茧上，等待雄蛾飞来交尾。交尾后，雌蛾产卵于茧外或附近其他植物上，平均产卵383粒/雌。卵块状，卵块上常覆有雌蛾体毛。在夏季卵期6～9d，幼虫期8～22d，蛹期4～10d；冬季卵期17～27d，幼虫期24～61d，蛹期15～25d。世代历期约40～90d。初孵幼虫有群栖性，三龄后开始分散，有时可见10余头幼虫聚在一起，大发生时可将植物叶子全部食光。老熟幼虫在叶或枝间吐丝作茧化蛹，茧上常覆有幼虫体毛，雄虫茧常小于雌虫。

防治方法

(1) 农业防治　加强果园管理，保持物候一致。结合疏梢、疏花，剪除带虫的枝条。

(2) 生物防治　该虫寄生性天敌较多，通常情况下可将其种群数量抑制下去。天敌有毒蛾绒茧蜂（*Apanteles colemani* Vier）、黑股都姬蜂（*Dusona nigrifemur* Sonan）、古毒蛾追寄蝇（*Exorista larvarum* L.）等。

(3) 药剂防治　在三龄幼虫前选用吡虫啉、溴氰菊酯、毒死蜱、阿维菌素等进行喷雾。

14. 芒果天蛾
Mango hawkmoth

分类　芒果天蛾〔*Compsogene panopus*（Cramer）〕，中文异名福木天蛾、臀角斑天蛾。属鳞翅目（Lepidoptera），天蛾科（Sphingidae）。

分布　国内分布于广东、广西、海南、云南、台湾等地区；国外分布于印度、马来西亚、菲律宾、斯里兰卡等地。

寄主　芒果、荔枝、红厚壳等。

危害　芒果天蛾以幼虫咬食芒果嫩叶，造成缺叶或叶片呈现缺刻状，严重时将芒果叶片食光，影响植株长势。

形态特征

成虫　翅展 158mm 左右，是天蛾中的大型种类。头、胸部橘黄色至棕褐色，颈板棕色；腹部棕黄色，第三至第四和第四至第五节间在背中线两侧各有 1 对小黑斑，第五节后的各节两侧有黑斑；胸、腹部的腹面橙黄色。前翅暗黄色，基部棕色，外线棕色较宽，内侧成一直线，外侧弯曲；外缘中部有较大的棕色三角形斑块。端线棕色较细，成波状纹，近后角处有椭圆形棕黑色斑 1 块。后翅前缘黄色，外缘呈深褐色横带，内线、中线及外横线棕色明显，中央有粉红色斑（图3-14-1）。

卵 圆形，色泽变化较大，多为鲜红色或黄色，表面具花纹。

幼虫 共5龄。一至四龄幼虫头尖，顶端二叉状，头部密布颗粒状突；五龄幼虫体长78mm，尾角长20mm；头稍尖，不分叉，散布颗粒状突；第二腹节至腹末节粉绿色，尾角黄绿色。幼虫静止时呈乙字形；腹足4对，唯第四对腹足发达，虫体靠第四腹足和臀足倒悬于叶上（图3-14-2）。

蛹 体长约62mm，暗褐色，第四腹节最宽，腹部末端较尖，臀棘钩状二分叉。

生活习性 芒果天蛾年发生3代。以蛹越冬。第一代在2月中、下旬至3月间羽化为成虫；5月中旬至6月间第二代成虫出现；9月下旬至10月间第三代成虫发生。成虫有趋光性，喜欢在荫蔽的嫩叶丛中产卵，每雌产卵量在40~50粒。卵散产，1~2粒在一起。卵期8~9d。幼虫孵出后先取食嫩叶，三龄以上转移到老叶上取食。幼虫期31~33d。化蛹前幼虫体背紫红色，幼虫沿芒果树茎干爬行进入茎基部的土中，造蛹室化蛹。蛹期20~22d。

防治方法

(1) 农业防治 结合果园冬季管理、松土和施肥等，将在芒果根颈部土中越冬的蛹消灭。根据散落地面上的虫粪位置，寻找和捕杀幼虫。

(2) 物理防治 利用成虫的趋光性，用黑光灯诱捕成虫。

(3) 药剂防治 在幼虫初期选用三氟氯氰菊酯、毒死蜱、阿维菌素、氰戊菊酯等进行喷雾防治。

15. 潜皮细蛾
Mango barkminer

分类 潜皮细蛾（*Acrocercops syngramma* Mayr）属鳞翅目（Lepidoptera），细蛾科。

分布　海南、广东、广西、云南及福建等地。

寄主　芒果。

危害　幼虫在嫩梢皮下蛀食，使皮层呈膜状脱离，影响嫩梢长势，严重时造成枝条干枯、死亡（图 3 - 15 - 1）。

形态特征

成虫　体长约 4mm，灰褐色，间有白色斑纹。

幼虫　末龄幼虫体长 4mm，淡黄色，头部黄褐色（图 3 - 15 - 2）。

蛹　茧椭圆形，透明，丝质。

生活习性　成虫夜间活动，产卵于嫩梢上，幼虫孵出后蛀入皮下，在其中蛀食，致使皮层呈膜状脱离，严重时整条枝条的周围一圈皮层脱离，致使枝条干枯、死亡。

防治方法

（1）检疫处理　将带虫苗木或接穗进行熏蒸处理，可 100％杀伤幼虫。

（2）药剂防治　在成虫羽化期，特别是越冬代成虫羽化期喷药 1～2 次，可有效控制危害。可选用的药剂包括阿维菌素、甲维盐、阿维·甲维盐、敌敌畏、溴氰菊酯等。

16. 芒果扁喙叶蝉
Mango leaf‑hopper

分类　芒果扁喙叶蝉（*Idioscopus incertus* Baker）中文异名芒果短头叶蝉。属同翅目（Homoptera），叶蝉科（Cicadellidae）。

分布　国内：广东、广西、海南、云南、福建、台湾。

　　　　国外：印度、斯里兰卡、印度尼西亚、菲律宾、马来西亚、缅甸等。

寄主　芒果、龙眼。

危害　危害芒果的叶蝉除芒果扁喙叶蝉外，还有龙眼扁喙叶蝉〔*Idiosopus clypealis*（Lethierry）〕，两种叶蝉常混合发生。扁喙叶蝉以成虫和若虫群集刺吸芒果幼芽、嫩梢、花穗和果实汁液，致使芽死亡，嫩梢、花序枯萎，幼果脱落。在严重发生的果园，花序100％受害，虫口密度可高达 400 头/梢以上，直接影响当年的产量和植株生长。此外，此虫以若虫、成虫分泌大量的蜜露，引致叶片、果面和枝条发生煤烟病（图 3 - 16 - 1，图 3 - 16 - 2）。

形态特征

成虫 体长 4.0～4.8mm，楔形，赭色。头宽为长的 5.5 倍；颜面的斑纹为黑褐色和黄褐色所组成，头顶有较暗的云斑，中线色淡，后部有两块褐色长方形斑。前唇基端部黑褐色，喙较长，端部膨大而扁平，雄虫呈红色而雌虫呈黑褐色。前胸背板略带绿色，并具暗色斑和条纹，外角色较浅。小盾片三角形，浅赭色，基部（前缘）具 3 个黑色斑，居中的横置，两侧的呈三角形，中斑后面有两个很小的斑，两侧边缘亦有两个更小的斑。前翅青铜色，半透明，翅上具暗色斑，斑之间为透明区，翅脉清晰。足的腿节褐色，后足胫节端部黑色，腹板横斑黑色，臀节也为黑色（图 3 - 16 - 3，图 3 - 16 - 4）。

卵 长椭圆形，长约 1.0mm，最宽处 0.3mm。初期白色半透明，逐渐变成乳黄色，顶端稍平。顶部具一白色絮状毛束。后期可见两黑褐色小眼点。

若虫 初孵时淡黄褐色，体背中央从前至后具一乳白色纵中线。老熟若虫胸部背面呈淡褐色，中胸具倒八字形淡黄白色线纹；翅芽达腹部第四节，与腹部分离或贴近。第一、第二腹节背面中央具黑褐色斑，以后各节黑褐色；第三至第五腹节背中央连成一大黄斑。体背纵中线呈淡黄色。足的腿节，胫节中部及爪为黑褐色，间以黄白色。

生活习性 在海南岛室内饲养年发生 8～9 代，在广西于盆栽植株上饲养年发生 2～7 代。世代重叠，同一虫子的后代，一年中繁殖最快的可以比繁殖最慢的多出 5 代。在广西，3 月 2 代重叠，4、5 月 3 代重叠，6、7 月 4 代重叠，8、9 月 5 代重叠，共有 6 个代次发育的成虫同时进入下年。无明显越冬滞育现象。在室内盆栽苗上饲养，其生活史历期各代差异甚大。若虫和卵的生长适温区为19～26℃，高温低湿和低温高湿对卵和若虫生长发育不利。在日均温25℃室内条件下，卵期4d，若虫期14～18d，成虫期30～96d；而在日均温17.9℃条件下，完成一代需110～190d。

初羽化的成虫若无嫩梢、花序补充营养则不能交配产卵。成虫寿命长短与产卵前期有很大关系，产完卵的雌虫随即死去。未生殖雌虫的寿命可长达250d以上。成虫无趋光性。在非嫩梢期或花果期趋集于树冠茂密、叶色浓绿的植株上危害，一旦有植株抽芽梢，便迁往取食和产卵。成虫产卵于嫩芽、嫩梢、嫩叶中脉、花、花梗的组织内。卵散产，每雌平均产卵270粒，最多可达1 044粒。若虫5龄，若虫孵化后，卵壳仍留在寄主组织里，外表露出打开的白色卵盖，具有群集性。

成虫和若虫行动都很敏捷，爬行迅速，若遇惊动，成虫立即跳跃逃遁，发出如大雨点撒落叶片的声音。在田间，全年均可找到虫口，在非嫩梢花果期以成虫存在。在海南虫口的发生与嫩梢关系密切，发生时间基本与抽梢、抽花穗的时间同步，每年3～5月和8～10月为盛发期。该虫在枝叶或树皮缝中越冬。

防治方法

（1）农业防治　加强管理，合理施肥与修枝。扁喙叶蝉有趋嫩绿、茂密的习性，应避免偏施氮肥，并适当增施钾、钙、磷肥以增强嫩梢花序纤维化，提高植株自身的抗虫能力。每年收果后应进行合理修枝整形，保持果园的通透性以抑制此虫的大发生。避免将物候不一致的品种混杂种植；使用生长调节剂控梢使抽梢整齐一致。另外，在管理水平较高的果园，则可利用叶蝉趋嫩产卵的习性，在品种单一的果园有意识、有规划地间种少量早花品种，作为诱集叶蝉的"警戒树"，并随时消灭早期虫口，可避免大面积喷药而经济有效地将虫口数量控制在较低水平。

（2）药剂防治　根据虫情监测结果，特别是花芽期及嫩梢期等关键时期，及时喷药保护嫩梢和花穗。可选用的药剂包括：毒死蜱、啶虫脒、吡虫啉、噻虫嗪、溴氰菊酯、阿维·甲维盐等。

（3）**生物防治**　扁喙叶蝉在芒果园中受到多种天敌的制约，如病原真菌对叶蝉的寄生率可达 50％以上；蜘蛛类、猎蝽、螳螂和卵寄生蜂也普遍存在，因此应合理使用化学农药，尽量避免杀伤天敌。

17. 白蛾蜡蝉
Mango cicada

分类　白蛾蜡蝉（*Lawana imitata* Melichar）中文异名白鸡、白翅蜡蝉、紫络蛾蜡蝉。属同翅目（Homoptera），蛾蜡蝉科（Flatidae）。

分布　广东、广西、福建、云南、海南、台湾等地。

寄主　芒果、柑橘、荔枝、龙眼、黄皮、木菠萝、桃、李、番石榴、可可、胡椒、菠萝蜜、茶树、木麻黄、人面子、麻楝、米仔兰、连翘、九里香等多种果树、林木、花卉。

危害　危害芒果的蜡蝉有近十种，其中主要的有白蛾蜡蝉、青蛾蜡蝉、碧蛾蜡蝉、八点广翅蜡蝉等。白蛾蜡蝉以成虫、若虫群集于较隐蔽的枝条、嫩梢、花穗上吸食汁液，成虫刺伤枝条产卵，被害处附有许多白色棉絮状的蜡物，使寄主树势生长衰弱，枝条干枯，引致落果或果实品质变劣；其排泄物可引起煤烟病，影响树势，降低果实商品价值，严重时造成落果或品质变劣。

形态特征

成虫　体长 18～20mm，翅展 42～45mm，黄白色或碧绿色，体被白色蜡粉。头部向前尖突，复眼灰褐色。触角短小基部三节膨大，其他节细如刚毛。前翅近三角形，黄白或碧绿色，翅脉多分枝呈网状，外缘平直，顶角尖锐突出；后翅白色、黄白色或粉绿色，膜质、柔软、半透明。静止时，四翅合成屋脊形覆盖于体背上。后足发达，能弹跳，遇惊动即弹跳起展翅飞翔（图 3-17-1，图 3-17-2）。

卵　长椭圆形，黄白色，长约 1mm。表面有细网纹，卵粒聚集排列成纵列长条块。

若虫　末龄若虫体长约 8mm，白色稍扁平，虫体被白色棉絮状蜡粉。翅芽末端平截；腹末有成束粗长的蜡丝（图 3-17-3）。

生活习性　华南地区每年一般发生 2 代。第一和第二代若虫发生高峰期分别在 4～5 月和 7～8 月，成虫高峰期分别在 6～7 月和 9～10 月。以成虫在寄主茂密的枝叶丛间越冬。每年 3～4 月，越冬成虫开始活动、交尾产卵，卵产在枝条、叶柄皮层中，卵粒纵列成长条块，每块有卵几十粒至 400 多粒；产卵处稍微隆起，表面呈枯褐色。成虫善跳能飞，但只作短距离飞行。初孵若虫有群集性，全身被有白色蜡粉，受惊即四散跳跃逃逸。若虫群集的树枝如棉絮包裹的细棒，若不细看，难以发现；随着虫龄的增大，若虫扩散危害。

生长茂密、通风透光差的果园，通风透光差的树冠内膛，在夏秋季遇上阴雨天气等，均有利于该虫发生危害。在冬期或早春，气温降至 3℃以下连续出现数天，越冬成虫大量死亡，虫口密度下降，翌年白蛾蜡蝉第一代发生相对较少。

防治方法

（1）农业防治　结合修枝整形，剔除过密枝条，使树体通风透光，不利害虫繁衍。随时剪除虫、卵枝，减少虫源。在若虫期，可用竹扫帚把若虫扫落，进行捕杀或放鸡捕食。

（2）生物防治　若虫的常见天敌有草蛉、螯蜂、绿僵菌等。注意保护利用果园原有的天敌。

（3）药剂防治　在成虫盛发期、成虫产卵初期、若虫低龄期进行药剂防治，果园中可根据虫口分布及时挑治 1～2 次。可选用噻虫嗪、毒死蜱、氰戊菊酯、敌敌畏、敌百虫等喷洒有虫枝叶、花穗及果实。

18. 椰圆盾蚧
Coconut scale

分类　椰圆盾蚧（*Aspidiotus destructor* Signoret）异名

（*Temnaspidiotus destructor* Signore）。中文异名黄薄椰圆蚧、木瓜蚧、恶性圆蚧、黄薄轮心蚧。属同翅目（Homoptera），盾蚧科（Diaspididae）。

分布　全国各地均有分布。

寄主　芒果、柑橘、香蕉、荔枝、木瓜、葡萄、白兰花、山茶、苏铁、万年青、月桂、椰子等 70 多种植物。

危害　在芒果上发生危害的介壳虫多达 10 多种，重要的种类有椰圆盾蚧、黑褐圆盾蚧、红蜡蚧和矢尖蚧等。椰圆盾蚧以若虫和雌成虫群栖于叶背或枝梢茎上，或附着于叶背、枝条或果实表面，刺吸组织中的汁液，被害叶片正面呈黄色不规则的斑纹或叶片卷曲，叶片黄枯脱落。新梢生长停滞或枯死，树势衰弱（图 3 - 18 - 1，图 3 - 18 - 2）。

形态特征

介壳　雌介壳圆形，直径 1.8～2.0mm，淡黄色，薄而透明，中央有两个黄色壳点，为若虫蜕皮壳，蜕皮壳淡黄色，外观可见壳内黄色虫体。雄介壳椭圆形，质地和颜色与雌虫介壳相似，稍小。直径 0.7～0.8mm，褐色，介壳较雌介壳厚，中央只有 1 个黄色壳点。介壳与虫体易分离。

成虫　雌成虫长卵圆形或卵形，前端较圆，后端较尖，黄色，直径 1.2～1.5mm。雄成虫体长 0.75mm，橙黄色，复眼黑褐色，足、触角、交尾器及胸部背面褐色，具前翅 1 对，透明，足 3 对。腹末有针状交尾器。

卵　长约 0.2mm，椭圆形，黄绿色，产于介壳下母体后方。

若虫　卵形，一龄若虫体长 0.23～0.25mm，淡橙黄色，足 3 对、触角、尾毛各 1 对，口针较长。二龄若虫除口针尚存外，足、触角、尾毛消失。

蛹　长椭圆形，黄绿色。

生活习性　椰圆盾蚧在长江以南各地年发生 2～3 代，均以受精雌成虫越冬，翌年 3 月中旬开始产卵，卵产于介壳下，不规则堆积。4～6 月以后盛发。若虫孵化后，从介壳边缘爬出，喜在叶片及成熟的果实上固定危害。雌成虫的繁殖能力与营养条件有关，寄生在果实上的平均产卵 145 粒/雌，寄生在叶片上的平均产卵约 80 粒/雌。成虫交配多在夜间进行，交配后 2～3 周产卵，产卵期长达 15～55d。初孵若虫向新叶及果上爬动，后固定在叶背或果上危害。雄若虫蜕皮 2 次，经预蛹期和蛹期，羽化为成虫。雌若虫经 2 次蜕皮后变为雌成虫。雌虫的各龄若蚧发育所需天数因气温而异，15℃时为 78d，在 28℃ 时为 28d。雄成虫的寿命很短，最多仅有 4d。

防治方法

（1）农业防治　保持果园、植株通风透光，及时剪除受害严重的叶片和小果，降低虫口密度。

（2）生物防治　注意保护蚜小蜂、跳小蜂等寄生性天敌及瓢虫、草蛉等捕食性天敌，进行化学防治时选用对这些天敌低毒的杀虫剂，并尽量采取田间挑治，少用全面喷雾。

（3）药剂防治　掌握好在若虫盛发期喷药防治，可选用 240g/L 螺虫乙酯悬浮剂、顺式氯氰菊酯、高效氯氰菊酯、三氟氯氰菊酯、毒死蜱、毒死蜱·氯氰菊酯、吡虫啉·噻嗪酮、啶虫脒·二嗪磷、吡·高氯、石蜡油等喷洒有虫部位和有虫植株。

19. 芒果叶瘿蚊
Mango leaf midge

分类　芒果叶瘿蚊（*Erosomyia mangiferae* Felt）属双翅目（Diptera），瘿蚊科（Ithonide）。

分布　广东、广西、海南、云南、四川等地。

寄主　芒果。

危害　以幼虫危害嫩梢、嫩叶。幼虫咬破嫩叶表皮钻入取食叶肉，被害处呈浅黄色斑点，进而变为灰白色，最后变为褐色而穿孔破裂。易与炭疽病危害状混淆。严重时，叶片呈不规则的网状破裂、卷曲，枯萎脱落以致梢枯、树冠生长不良。危害高峰期植株新梢被害率高达100%（图3-19-1）。

形态特征

成虫 虫体草黄色。雄成虫体长1.0~1.2mm，触角14节，触角长1.1mm，略长于身体，第五节的基球部半球形，宽为长的4/5。基柄长与宽几乎相等，端柄长是第五节全长的1/4，或为基柄直径的2倍左右；基球部和端球部的亚端部各有10个轮生环丝，基球部的环丝长达端球部的中部，端球部环丝长达端柄的末端，两球状部的亚基部各有轮生的刚毛。触角末端有一乳状小突起。中胸盾板两侧色暗，中线色淡；翅透明；足黄色，前、中、后足爪均有齿，后足爪细长，在中部强度弯曲，渐向末端尖细；在爪基部1/4处具有1个长的弯齿；爪垫为爪的1/2。抱握器基节基部有1个大的基叶，端节细长，略弯；阳茎粗壮，端部宽大，端缘中央具凹刻，亚端部侧各具一突起。雌成虫体长约1.2mm。触角长与腹部相等或略短，从第三节起各节呈圆筒状并具有端柄，第五节筒状部分的长约为其宽度的2倍，端柄长占全节的1/2，或为其宽的2倍，各节具有2排轮生的刚毛。产卵器粗短，钩为腹部的1/3，末端有大的端叶，其上密生小刺和数根刚毛（图3-19-2）。

卵 椭圆形，长约1mm，一端稍大，无色。

幼虫 蛆形，初孵幼虫白色，稍后转为乳黄色。末龄幼虫体长1.8~2.1mm，宽约0.62mm，有明显体节。剑骨片细长，端部中央有较大的三角形凹刻，形成两个三角形大齿，在两齿的基部两侧各具一小凹刻。

蛹 体黄色，短椭圆形，长约1.4mm，前端略大，外面有一层黄褐色薄膜包裹。头的后面前胸处有1对长毛状黑褐色呼吸管。头部的前面有1对红色短毛。足细长，紧贴腹部中央，伸达到腹部第五节。触角、翅芽均紧贴蛹体两侧。

生活习性 在广西南宁地区及海南，芒果叶瘿蚊年发生15代，每代历时16~17d。卵期2d，幼虫期7d，蛹期5~6d，成虫期2~3d。每年4~11月（海南3~12月）均有发生，夏、秋梢期是其虫口高峰期。11月中旬后幼虫陆续入土3~5cm深处化蛹越冬。翌年

4月（海南为3月）上旬前后羽化出土（表土温20～23℃，含水量9%～15%），初羽化成虫爬出地面初时呈静止状态，继而双翅不停地相互拍击，并缓缓伸展；在地面爬行5～10min后开始飞翔。羽化时间随季节不同而异，5～8月羽化高峰为15～18时，9～10月为9～10时。成虫出土后当晚开始交配，21～22时为高峰期，至凌晨3时前结束。次日上午雌虫产卵于嫩叶背面。成虫寿命短。雄虫于交尾后次晨即开始死亡，多数在次日晚上死去；雌虫多数在产卵后第二天死亡，少数在第三天。雌雄性比约为1.9～2.5：1。成虫体小纤弱，雨天不利于飞翔活动，遇大风雨时被打落死亡。成虫有弱趋光性，但怕强光，故晴天成虫大多躲在树冠的荫蔽处。

幼虫孵化时间主要在下午。随后咬破嫩叶表皮钻进叶内取食叶肉，引起水烫状点斑，随幼虫长大，形成小瘤状虫瘿，一片叶上最多可达几十个虫瘿。老熟幼虫咬破表皮爬出叶面弹跳或随露水落地，沿土壤缝隙入土化蛹。干旱对幼虫化蛹不利，落地幼虫在干燥的土壤中常不能正常入土化蛹；幼虫惧畏强光，在强光下暴晒2～3h，即死亡；能耐高湿，土壤湿度大对其存活影响不大。在水盆中能活15～20d，个别甚至能在水中化蛹。若土壤温湿度适宜，幼虫进入表土后，在土壤缝隙中2d左右结成一层体外薄膜化蛹。

防治方法

（1）农业防治 此虫喜温暖潮湿的气候和荫蔽的环境，应注意修剪树冠，保持果园内通风透光；选植梢期较一致的品种或化学控梢以免新梢交替抽生为瘿蚊提供持续的食料；春梢抽出前，或果园嫩梢受害严重时，对果园进行除草松土。

（2）药剂防治 重点抓好新梢嫩叶抽出3～5cm、嫩叶展开前后期间进行喷药保护，阻止成虫产卵，杀死初孵幼虫。每隔7～10d1次，连喷2～3次。选用阿维菌素、吡虫啉、螺虫乙酯、敌敌畏、毒死蜱、氯氰菊酯、顺式氯氰菊酯、溴氰菊酯于新梢期喷洒嫩叶。选用敌敌畏、毒死蜱等拌制成有效成分含量为0.3%～0.5%的毒土在植株树冠下滴水线范围内撒施，每公顷300～450kg毒土。此法可兼治芒果切叶象甲等。

20. 蓟 马 类
Thrips

分类 缨翅目 Thysanoptera，蓟马科 Thripidae

分布 四川、云南、广东、广西、海南、福建等地。

寄主 蓟马的寄主种类较多，包括水果、蔬菜、花卉、观赏植物、农作物及野生植物等。

危害 在芒果上发生危害的蓟马多达 10 多种，包括茶黄蓟马 *Seirtothrips dorsalis*、黄胸蓟马 *Thrips hawailensis*、威岛蓟马 *T. vitoriensis*（Moulton）、褐蓟马 *T. tussa*、红带滑胸针蓟马 *S. rubroinctus*（Giard）、温室蓟马 *Heliothrips haemorrhoidalis*、腹突皱针蓟马 *Rhipihorothrips cruentatus*（Hood）、丽色皱针蓟马 *R. pulchells*、华简管蓟马 *Haplothrips chinensis*、西花蓟马和横纹蓟马 *Aeolothrips fasciatus* 及其近缘种，危害严重的主要是茶黄蓟马、红带蓟马、黄胸蓟马和温室蓟马，其中以茶黄蓟马最为重要。

蓟马以若虫、成虫在嫩梢、嫩叶、花蕾及小果上吸食组织汁液。在梢期，若虫、成虫在嫩叶背面群集活动，吸食汁液，受害叶片在主脉两侧有 2 条至多条纵列红褐色条痕。严重时叶背呈现一片褐色，叶片失去光泽，后期受害叶片边缘卷曲，呈波纹状，不能正常展开，甚至叶片干枯。新梢顶芽受害，生长点受抑制，呈现枝叶丛生或萎缩。花果期，若虫、成虫集中危害花穗、幼果，造成大量落花落果；幼果被害后，果面出现黑褐色或锈褐色针状小点，甚至畸形，果皮组织增生木栓化，呈锈褐色粗糙状。幼果横径达 2cm后不再受害。果实生长中后期，果皮变粗，出现凸起的红褐色锈皮斑。也危害叶柄、嫩茎和老叶，严重影响芒果生长和果实质量（图 3-20-1～图 3-20-4）。

形态特征

（1）茶黄蓟马

成虫 体长约 1mm，黄色。触角 8 节，暗黄色，第三、第四节感觉锥叉状。复眼暗红色，两复眼间单眼 3 个，三角形排列。头宽约为长的 2 倍，短于前胸；前缘两触角间延伸，后大半部有细横纹；两颊在复眼后略收缩；头鬃均短小，前单眼之前有鬃 2 对，其中一对在正前方，另一对在前两侧；单眼间鬃位于两后单眼前内侧的 3 个单眼内线连线之内。前翅橙黄色，近基部有一小淡黄色区；前翅窄，前缘鬃 24 根，前脉鬃基部 4＋3 根，端鬃 3 根，其中中部 1 根，端部 2 根，后脉鬃 2 根。腹部背片第二至第八节有暗前脊，但第三至第七节仅两侧存在，前中部约 1/3 暗褐色。腹片第四至第七节前缘有深色横线（图 3 - 20 - 6）。

卵　肾形，长约 0.2 mm，初期乳白，半透明，后变淡黄色。若虫与成虫相似，但无翅。

若虫　初孵若虫白色透明，复眼红色，触角粗短，以第三节最大。头、胸约占体长的一半，胸宽于腹部。二龄若虫体长 0.5～0.8 mm，淡黄色，触角第一节淡黄色，其余暗灰色，中后胸与腹部等宽，头、胸长度略短于腹部长度。三龄若虫黄色，复眼灰黑色，触角第一、第二节大，第三节小，第四至第八节渐尖。翅芽白色透明，伸达第三腹节。蛹（四龄若虫）出现单眼，触角分节不清楚，伸向头背面，翅芽明显，伸达第四腹节（前期）至第八腹节（后期）（图 3 - 20 - 7）。

（2）红带滑胸针蓟马

成虫　长形，黑褐色，体长 1.0～1.5 mm，翅缘缨毛浓密呈灰黑色（图 3 - 20 - 8）。

卵　肾形，黄白色，长约 0.25 mm。

若虫　长形，黄色，腹部基部呈带状亮红色（图 3 - 20 - 9）。

蛹　长形，体长约 1.0 mm，形态似若虫，但具完全发育的翅芽。

生活习性　茶黄蓟马在海南全年发生，世代重叠，完成 1 个世代仅 10 多天。冬季以卵、成虫为主。若虫在早、晚和阴天多在叶面活动，晴天阳光直射则在叶背。老熟若虫多群集在被害叶或附近叶片背凹处，或瘿螨毛毡部，或在蛛网下，或叶片相叠处化蛹。成虫一般爬行，受惊扰时可弹飞。雌虫羽化后2～3d在叶背叶脉处或叶肉中产卵，可行有性生殖和孤雌生殖。卵散产，每雌虫产卵少则几十粒，多则1百多粒。成虫有趋向嫩叶取食和产卵的习性。成虫、若虫还有避光趋湿的习性。一年抽梢次数多且发梢不整齐或有冬梢的果园，危害较严重；春秋干旱，危害严重。

红带滑胸针蓟马年发生约10代。营孤雌生殖，卵单产于叶下表面且带有一滴类似粪便状物，卵期1～3d，蛹期6d。成、若虫多在靠近主脉的凹陷处或小沟中生活，常常将腹部末端翘起，端部尚带有一球状液滴。

芒果蓟马年发生有明显高峰，发生高峰与芒果的物候期关系密切，芒果蓟马从初花期开始出现危害，至盛花期危害数量达最大，随着小果期的到来，虫口数量明显下降。在芒果生长、开花结果时，如遇温暖干旱天气，发生危害更严重。

防治方法

（1）控制抽生冬梢，减少其食料来源。

（2）田间悬挂黄色或蓝色粘虫板诱虫，跟踪监测，根据虫情及时进行药剂防治。

（3）在低龄若虫盛发期前用药防治。每隔5～7d喷1次，连喷2～3次。推荐选用乙基多杀霉素、啶虫脒、吡虫啉、毒死蜱、烯啶虫胺、螺虫乙酯、噻虫嗪、氯氰菊酯、溴氰菊酯等单剂或啶虫脒与氯氰菊酯混配制剂喷施嫩梢、嫩叶、花穗和幼果。

21. 芒果小爪螨
Tetranychid mango red mite

分类 芒果小爪螨（*Oligonychus mangiferus* Rahman etPunjab）属叶螨科 Tetranychidae 小爪螨属 *Oligonychus*。

分布 广东、广西、海南等地。

寄主 芒果、荔枝、葡萄、棉花等。

危害 芒果小爪螨主要危害芒果的功能叶，成螨、若螨、幼螨栖息于芒果叶面，以口针刺入叶片组织吸取汁液，在虫口密度高时也危害叶背。芒果叶片受害后，被害部位褪绿，出现灰白色斑点。危害刚开始虫口密度较小时，叶面变色斑点稀少，面积也较小，而叶背基本不表现症状，随着虫口密度的增加，褪绿、变色斑点不断扩大，严重时叶面变为灰白色，最终整叶干枯、脱落。另外，芒果小爪螨具有吐丝结网的特性，受害部位伴有大量螨体蜕皮和丝网，影响了植株的光合作用，从而影响芒果的生长和结果（图 3 - 21 - 1，图 3 - 21 - 2）。

形态特征　雌成螨体长 0.53mm，宽 0.36mm，紫红色，椭圆形，第三对背中毛和内骶毛之间背面表皮纹路不规则。生殖盖纹路横向，其前方纵行。背毛 13 对，刚毛状，长度大于列间距，有臀毛，肛后毛 1 对。气门沟末端小球状，须肢跗节的端感器圆柱状，粗短，长 3.4μm，宽 4.8μm。背感器长 2.6μm，刺状毛长 5μm。爪间突爪状，腹面有刺毛簇。雄螨体长 0.43mm，宽 0.23mm，红色，菱形，气门沟末端小球状。须肢跗节的端感器退化，长 1.5μm，宽 1μm。背感器长 2.8μm，刺状毛长 5μm。Ⅰ～Ⅳ爪间突爪状，腹面有刺毛簇。阳茎无端锤，钩部较短，弯向腹面。若螨具足 4 对，前若螨淡紫色，后若螨淡红色。幼螨具足 3 对，刚孵化时为黄色，取食后呈淡紫色。卵为圆形，初孵时为棕红色，快孵化时呈黄色。

生活习性　芒果小爪螨世代重叠明显，在海南无越冬现象，终年发生。世代发育历经卵、幼螨、第一若螨、第二若螨、成螨 5 个阶段，在第一若螨、第二若螨、成螨之前各有 1 个静止期。其繁殖速度与温度有关，低温发育缓慢，在一定温度范围内发育速度随温度的升高而加快，世代发育起点温度为 8.91℃，完成世代发育所需有效积温为 191.83℃，在海南芒果上每年可发生约 27 代。24～28℃为芒果小爪螨种群增长的最适温度，高温不利其生长，观察发现，在 35℃以上幼螨不能存活。每年 10 月至翌年 4 月因少有暴雨，且气温适宜，食料充分，是芒果小爪螨严重发生期，而 4～10 月因高温且常有暴雨，发生较轻。芒果小爪螨的产卵量、存活率、种群趋势指数也因气温的不同而有所不同，产卵量在 28℃时最高，达 40.14 粒/雌，32℃最低，为 8.44 粒/雌；世代存活率 24℃最高，为 89.6％，16℃最低，为 55.8％；种群趋势指数在 24℃最高，为 24.88，32℃时最低，为 4.10。该螨具有群集性，以成螨、若螨、幼螨群集于叶面取食危害，卵单产于叶面，并用分泌液将卵固定，以免散失。两性生殖或孤雌生殖，但是未受精卵孵出的均为雄螨。

防治方法

(1) 农业防治 结合各种农事操作，避免大面积种植同一个品种。清除果园内其他寄主植物，可以减少芒果小爪螨的发生。

(2) 生物防治 可引进胡瓜钝绥螨在当地建立天敌种群，用以防治该螨。

(3) 药剂防治 在芒果小爪螨发生危害期，在做好虫情测报的基础上，选用对该螨针对性强的杀螨剂，少用广谱性的杀虫杀螨剂，及时全面进行药剂防治；对于个别株虫口密度比较大时，用挑治法进行防治。另外，由于该螨主要在叶面危害，施药时应注意将药液喷施到叶面，宜选择在早上或下午静风时喷药，应注意轮换用药，以保持该螨对药剂的敏感性。可选用，240g/L 螺虫乙酯悬浮剂、1.8％阿维菌素乳油、15％哒螨灵乳油、虫螨腈、2.5％功夫乳油、甲维盐等喷雾防治。如果虫口数量为每叶 20 头以上，且叶片上着有大量未孵化的卵时，则在第一次施药后间隔 10d 再喷 1 次药效果更佳。

22. 黑翅土白蚁
Black winged subterranean termite

分类 黑翅土白蚁 *Odontotermes formosanus*（Shiraki）属等翅目，白蚁科 Termitidae。

分布 广东、广西、海南、云南、四川等地。

寄主 芒果、橡胶、椰子、荔枝、油棕、咖啡、可可、槟榔、柑橘、桉树、木薯、葡萄、棉花等。

危害　主要以工蚁危害树皮及浅木质层和根部。造成被害树干外形成大块蚁路，长势衰退。侵入木质部后，则树干枯萎；尤其对幼苗，极易造成死亡。蛀食使根部腐烂，不能吸取水分和养分，严重时，全株枯死。采食危害时做泥被和泥线，严重时泥被环绕整个树干周围而形成泥套（图 3-22-1）。

形态特征

成蚁　有翅繁殖蚁，体长 27～29.5mm，翅展 45～50mm。体背面黑褐色，腹面棕黄色，翅黑褐色；触角 19 节；前胸背板后缘中央向前凹入，中央有一淡色十字形黄色斑，两侧各有一圆形或椭圆形淡色点，其后有一小而带分支的淡色点。

蚁后及蚁王　体长 70～80mm，体宽 13～15mm。无翅，色较深，体壁较硬。蚁后腹部特别大，白色腹部上呈现褐色斑块。

兵蚁　末龄兵蚁体长 5.5～6mm；头部深黄色，胸、腹部淡黄色至灰白色，头部发达，背面呈卵形，长大于宽；复眼退化；触角 16～17 节；上颚镰刀形，在上颚中部前方有一明显的齿。前胸背板元宝状，前窄后宽，前部斜翘起。前、后缘中央皆有凹刻。兵蚁有雌雄之别，但无生殖能力。

工蚁　末龄工蚁体长 4.6～6.0mm，头部黄色，胸、腹部灰白色。头侧缘与后缘连成圆弧形，囟位于头顶中央；后唇基显著隆起，中央有缝。

卵　长约 0.8mm。长椭圆形，乳白色。

生活习性　黑翅土白蚁具有群栖性，无翅蚁有避光性，有翅蚁有趋光性。有翅成蚁每年 3 月开始出现在巢内，4～6 月在靠近蚁巢地面出现婚飞孔突，孔突圆锥状，数量很多。在气温达到 22 ℃以上，空气相对湿度达 95％以上的闷热暴雨前夕、傍晚前后爬出婚飞孔突（圆锥形高出地面的开口），开始婚飞。经过婚飞和脱翅的成虫，一般成对钻入地下建筑新巢，成为新的蚁王、蚁后繁殖后代。蚁巢位于地下 0.3～2.0m 之处，新巢仅是一个小腔，3 个月后出现菌圃。在新巢的成长过程中，不断发生结构上和位置上的变化，蚁巢腔室由小到大，由少到多，个体数目达 200 万以上。繁殖蚁从幼蚁初具翅芽至羽化共 7 龄，同一巢内龄期极不整齐。兵蚁保卫蚁巢和工蚁外出采食活动。工蚁担负扩筑蚁巢、采食和喂饲幼蚁、蚁王、蚁后。工蚁采食时，在树干上做成泥线、泥被或泥套，隐藏其内进行采食树皮及木纤维。当日平均气温达 12 ℃时，工蚁开始离巢采食，在 15～25 ℃范围内，平均气温 20 ℃左右，工蚁采食达到高峰，高温 32 ℃以上和低湿 70％以下均不利于黑翅土白蚁的取食活动。故在整个出土取食期中，4～5 月和 9～10 月（尤其在 4 月中下旬和 8 月下旬至 9 月初）为全年两次外出采食危害高峰。进入盛夏后，工蚁一般不进行外出活动。11 月底后工蚁停止外出采食，回巢越冬。

防治方法

(1) 农业防治　结合农事操作，发现蚁巢后及时人工追挖，在追挖过程中，要掌握挖大不挖小，挖新不挖旧，对白蚁追进不追出，追多不追少的原则，一定要挖到主巢，消灭蚁王、蚁后和有翅繁殖蚁。

(2) 物理防治　在每年 4～6 月有翅繁殖蚁的分群期，利用有翅蚁的趋光性，在蚁害发生区域采用黑光灯诱杀有翅繁殖蚁。

(3) 药剂防治　在白蚁危害高峰，在被害植株基部及附近用毒死蜱、氯氰菊酯、溴氰菊酯、樟脑油、吡虫啉、联苯菊酯等直接喷施或灌浇于植株泥被上，可有效防治白蚁危害。

在发现蚁路和婚飞孔时，挖出 2cm 以上的蚁路，撒施 70％灭蚁灵粉剂，毒杀白蚁。

主要参考文献

北京农业大学 . 1990. 果树昆虫学（下册）［M］. 第 2 版 . 北京：农业出版社 .

陈大成 . 1993. 芒果现代实用栽培与贮藏加工技术［M］. 北京：中国农业出版社 .

何等平，唐伟文，古希昕，等.1993.新编南方果树病虫害防治［M］.北京：中国农业出版社.

陈杰琳.1993.害虫综合治理［M］.北京：中国农业出版社.

丁锦华，苏建亚.2006.农业昆虫学［M］.北京：中国农业出版社.

耿继光.2003.无公害农药应用指南［M］.合肥：安徽科学技术出版社.

黄光斗.1996.热带作物昆虫学［M］.北京：中国农业出版社.

韩熹莱.1993.中国农业百科全书.农药卷［M］.北京：中国农业出版社.

韩召军，等.2001.园艺昆虫学［M］.北京：中国农业大学出版社.

华南农学院.1992.农业昆虫学.北京：农业出版社.

华南热带作物学院.1993.热带作物病虫害防治学［M］第2版.北京：中国农业出版社.

科学院动物研究所业务处.1983.拉英汉昆虫名称［M］.北京：科学出版社.

李云瑞.2002.农业昆虫学［M］.北京：中国农业出版社.

刘乾开，朱国念.1999.新编农药使用手册［M］第2版.上海：上海科学出版社.

马世俊.1983.英汉农业昆虫学词汇［M］.北京：农业出版社.

魏岑.1999.农药混剂研制及混剂品种［M］.北京：化学工业出版社.

西北农业大学.1991.农业昆虫学［M］.北京：农业出版社.

萧刚柔.拉英汉昆虫/蜱螨/蜘蛛线虫名称［M］.1997.北京：中国林业出版社

袁锋.2001.农业昆虫学［M］.北京：中国农业出版社.

章士美.1998.中国农林昆虫地理区划［M］.北京：中国农业出版社.

中国农业百科全书编辑部.1990.中国农业百科全书（昆虫卷）［M］.北京：农业出版社.

朱伟生，等.1994.南方果树病虫害防治手册［M］.北京：中国农业出版社.

程立生，等.2006.热带作物昆虫学［M］.北京：中国农业出版社.

第四部分

芒果采收、保鲜与贮运技术

芒果为呼吸跃变型果实，采收期又多逢高温高湿季节，采后快速后熟而变黄、变软，并且芒果果实易遭多种病原微生物侵染，采后病害发生严重。因此，掌握有效的芒果贮运保鲜技术，是实现采后芒果果实高档化、商品化、标准化和提高经济效益的关键。芒果贮藏保鲜处理流程包括采前防病、采收、清洗、采后处理、包装、贮运和催熟等环节。

一、采前防病

炭疽病、蒂腐病等病害往往从田间潜伏侵染，果实贮运期间逐渐发病，所以针对这些病害，采前预防显得十分重要。从花期开始，定期喷药，直到采前30～40d，喷药后套袋，套袋不仅可以明显减轻病虫害或机械损伤所带来的果面污渍，而且有助于果面着色均匀，提高果品的外观价值。

二、采收

芒果采收期的迟早，对芒果果实品质及耐贮性能的影响很大。

1. 成熟度的确定　芒果要适时采收，如采收过早，果实极易失水皱缩，不易后熟，果实风味变淡；而采收过晚，果实因果柄产生离层而从树上自然脱落，有的在树上就开始变软，贮藏时快速后熟，贮藏期明显缩短，不耐运输。确定芒果采收成熟度的方法有很多，我国一般是采用以下3种方法。

(1) 根据果实颜色和外观　果皮颜色转暗或由青绿色转变为淡绿色、绿带白色、淡黄色、红色甚至紫色；果面蜡质层增厚，皮孔微裂、斑点由不明显转为明显；果肉由乳白色转变为淡黄色，近果核处略出现淡黄色，种壳变硬；果实发育饱满，果蒂凹陷，果肩突出；或一株树上有自然成熟果出现，即可采收。采收的果实经 6～8d 后熟，果皮不会皱缩，风味浓。

(2) 根据果实的密度　据研究，随着果实的成熟，密度增大，置于水中时，就会沉于水中。因此，可根据芒果置于水中的下沉程度来确定芒果成熟度。

(3) 根据果龄　不同品种间的果龄差别很大。一般从谢花到果实成熟，早中熟品种需 100～120d，晚熟品种需 120～150d。

总之，判断芒果果实最适宜采收成熟度时，最好是将这 3 种方法结合应用。

2. 采收时间　不同产区，同一地区不同品种，同一地区同一品种不同栽培方式的成熟时期都不相同。在海南三亚，台农 1 号芒的正造果实可在 4 月上旬至 5 月上旬采收，在广东徐闻可在 5 月上旬到 6 月上旬采收，广州地区在 6 月中下旬至 7 月上旬采收，而四川攀枝花则在 8～10 月采收。

3. 采收方法　一般是采用人工采收，采收时工人应戴手套。采收，宜采用"一果两剪"的方法，剪摘时注意芒果流出的黏液，尽量避免接触到果实，以及皮肤和眼睛。手摘不到的，可用带袋的长竹竿采果。在果园装果用的容器应用软物衬垫，以防伤害果实。果实放置时，刀口向下，每放一层果实垫一层报纸，避免乳汁相互污染果面。采收时要轻拿轻放轻搬，尽量避免机械损伤，以减少后熟期果实腐烂。采收后迅速移至阴凉处散热，尽快搬运到处理间进行采后处理。

三、清洗

芒果采收后应尽快洗净流胶、果面的污渍等，减少病菌附着和农药残留，使之清洁卫生，符合商品要求和卫生标准。可用清水、1‰漂白粉溶液、1‰熟石灰或 2‰醋酸溶液等，采用浸泡、冲洗、喷淋等方式进行清洗，使用的洗涤水一定要干净卫生，且经常更换，以免病原菌引起交叉感染导致健康果实腐烂。此外，用洗涤溶液洗涤的果实，还需用清水冲洗。在清洗过程中，须将裂果、畸形果、机械伤果、病虫害果、已成熟果实选出，剔除级外果实后，再进行保鲜处理与贮运。

四、采后处理

要保持芒果本身具有的色、香、味，延长贮运期，提高商品率，必须进行合理的采后处理技术，延缓果实贮运期间的代谢过程，减少采后病害的发病率，解决贮运过程中的保鲜问题。所以，芒果采收后，必须进行采后处理。一般采用下列4种方法。

1. 热处理 热处理方法包括热水浸泡（喷淋）、热蒸汽熏蒸和干热风处理等，其中最常用的是热水浸泡。50～55℃热水浸果5～15min或46～48℃热水浸果60～120min，可防治采后病害特别是炭疽病的发生和果实蝇危害，降低果实冷害，且不影响果实的风味。如果适当提高处理温度，则应缩短处理时间；处理温度和时间的设定还要考虑果实体积的大小和品种的差异，大果型品种比小果型品种较耐高温。温度过高或处理时间过长均有可能导致果实烫伤。

2. 杀菌剂处理 将清洗后的芒果果实，用一定浓度的杀菌剂进行喷雾或浸泡处理，可选用的杀菌剂包括：500～1 000mg/L的噻菌灵（特克多）、1 250～2 500mg/L异菌脲（扑海因）、500～1 000mg/L咪鲜胺（施保克）、500～1 000mg/L咪鲜胺锰络合物（施保功）、250～500mg/L抑霉唑（万利得、戴唑霉）以及以上杀菌剂的混剂，如200～300mg/L咪鲜胺·异菌脲（1∶1）等。喷雾时以完全喷湿果面为宜；浸果时一般浸泡1～2min，且不停地轻微搅动果实，以便药液充分接触果实表面。

3. 辐射处理 应用辐射技术能减缓芒果的成熟和衰老进程，延长贮藏寿命和减少采后损失。据国外报道，低剂量（250Gy）辐照结合热处理、化学处理、气调处理，均可提高处理的效果，黄熟期芒果经照射后可延长货架期3d。处理时若剂量过大，容易使果面产生褐色小斑。在南非，采用微波辐射处理取得了同热处理相似的保鲜效果，这种处理方法操作迅速且成本低廉。

4. 后熟调节处理 采用乙烯吸收剂能有效地延缓芒果果实的

采后后熟，延长货架期和维持果实较好的品质。高锰酸钾作为一种乙烯吸收剂已在商业上广泛使用。乙烯受体抑制剂是一种可逆或不可逆地与乙烯受体结合，从而抑制乙烯-受体复合物的正常形成，阻断乙烯诱导的信号转导或传递的一类物质，如 1 - MCP 作为一种新型、高效的环丙烯类乙烯作用抑制剂，近年来广泛地应用于园艺产品延缓衰老的研究与应用上。1 - MCP 处理后结合聚乙烯袋包装，能显著延长芒果在常温下的贮藏时间，该技术特别适合于冷藏设备不足的我国，在商业上应用潜力很大。

五、包装

良好的包装，不仅有利于延长芒果的贮藏期，防止水分蒸发和机械损伤，还有利于提高芒果的商品档次，增加经济效益。

芒果单果包装可延缓果实后熟，防止病害传播。近年来，一些薄膜袋如聚乙烯、聚丙烯袋等因其具有透湿性低、透气性高等优点而广泛应用在果实的单果包装上，它一方面防止水分蒸发、起到自发气调（MA）延缓后熟的作用，同时还能防止病害在果间相互传播。如用聚乙烯袋对芒果进行单果包装，在 13℃可贮藏 4～5 周，比对照延长 15～20d，常温下可延长 5d 左右。最近国内外在芒果保鲜方面又推出了各种保鲜纸，如中药材保鲜纸、生物保鲜纸等，不仅可发挥良好地保鲜作用，而且使用方法简单、成本相对低廉，适于在芒果单果包装上使用。

国内的芒果包装多用竹筐、塑料筐、瓦楞纸箱、泡沫箱等，装筐（箱）时用包果纸衬垫，果实要分层放好，层与层之间垫以填充物，防止机械损伤，保证通气性。远距离运输的芒果包装多采用带通气孔的瓦楞纸箱。

芒果装箱的类型，一种是将单果直接摆在果箱内，每层之间用吸水纸隔开，或纸箱分 2～3 层，层与层之间用纸板隔开，该方法虽然包装相对简单，但易造成整箱果实同时后熟、采后病害传播快等缺点；另一种用 0.01～0.02mm 厚的聚乙烯薄膜袋或专用保鲜纸单果包装后再外套珍珠棉水果网袋。整齐摆放在包装箱中，每箱装 1～3 层，重量以 5～15kg 为宜。

六、贮运

芒果贮藏方法主要包括常温贮藏、低温贮藏、气调贮藏和减压贮藏等。

1. 常温贮藏　在缺乏冷藏和气调贮藏设备的条件下，可采用常温贮藏。经处理后的果实可贮藏在 $25\sim30℃$、相对湿度 $60\%\sim85\%$、通风良好的贮藏库中存放 $5\sim10d$，在高于 $30℃$ 的条件下贮藏，随着时间的延长，可能引起高温伤害。芒果贮藏 13d 后，品质呈下降趋势，腐烂程度开始加重，所以常温贮藏的果实，宜在采后 15d 内消费，否则商品价值大大降低。

2. 低温贮藏　芒果对低温特别敏感。芒果最低贮藏温度视其品种、果实成熟度、贮前处理等条件而异。大多数品种的适宜冷藏温度为 $10\sim13℃$，相对湿度为 $85\%\sim90\%$，可贮藏时间为 $2\sim3$ 周，取出后置于室温下可正常后熟。不同品种间的适宜贮运温度差异较大。如台农 1 号、金煌芒的贮运适温为 $12℃$，海顿、凯特芒的贮运适温为 $10℃$，一般而言，绿熟果实的贮运安全温度为 $13℃$，黄熟果实的贮运安全温度为 $10℃$。值得注意的是，贮藏时温度的稳定性非常重要，一般在最适贮藏温度上下波动的幅度不得超过 $1\sim1.5℃$，温度变化幅度大，呼吸强度和乙烯释放量增大，过早进入衰老期，导致腐烂增多。

3. 气调贮藏　气调贮藏分为自发气调贮藏（MA）和人工气调贮藏（CA）两类。芒果适宜的气调贮藏条件为：O_2 $5\%\sim10\%$，CO_2 $2\%\sim8\%$，但不同芒果品种所需最佳气调贮藏条件存在差异。如台农 1 号芒的气调贮藏条件为：O_2 6%，CO_2 4%，而阿方索芒为 O_2 5%，CO_2 7.5%。

自发气调法贮藏芒果能延缓果实的后熟，减少失重并且保持果实的原有风味，Miller 和 Hale 用热皱缩薄膜单果包装芒果，经 $12℃$ 贮存 2 周后再在 $21℃$ 下后熟，可显著降低果实失重，而对果实硬度和果皮色泽的变化及控制病害没有明显的影响，胡美姣等采用打孔聚乙烯薄膜袋包装对控制果实腐烂有一定的效果。

4. 减压贮藏　减压贮藏是通过把贮藏库内的气压降低，达到低氧或超低氧的效果，从而起到气调贮藏（CA）相同的作用。减压贮藏可加速果蔬组织内乙烯与挥发性气体向外扩散，可防止果蔬组织的衰老，防止组织软化，减轻冷害和贮藏生理病害的发生，从根本上清除气调贮藏中 CO_2 中毒的可能性；抑制贮藏期微生物的生长发育和孢子形成，从而控制侵染性病害的发生。将芒果贮藏在 19.6kPa（约 147mmHg）、相对湿度 98%～100%、13℃的条件下，贮藏 3 周后果色仍为鲜绿，果实硬度与好果率都较高。在 6.7～9.3kPa 的条件下贮藏 25～35d，移放至室温条件下，仍能在 3～5d 内正常后熟。但在低于 6.7kPa 的条件下，芒果会脱水、萎缩。

由于减压贮藏设备造价昂贵，目前并不能大量在生产上推广应用。

5. 运输 芒果从产地到销售，都要经过运输过程，常用的运输方法有空运、海运、铁路运输和公路运输等。

七、催熟

为了便于运输和延长芒果的贮藏期，芒果一般在绿熟期采收。在常温下 5～8d 自然黄熟。但有时为了使芒果成熟速度趋于一致，尽快达到最佳外观，有必要对其进行催熟处理。常用的方法有：普通后熟法、热水催熟法及化学催熟法等。普通后熟法是将芒果从低温库、气调库、减压库等贮藏环境中移出后，再在适宜的温度、湿度条件下使其自然后熟，得到与完熟芒果具有相同或相似特征的后熟产品的方法。热水催熟法是将芒果果实浸热水后放入密封或半密封容器中使其加快后熟的一种方法。化学催熟是利用乙烯、乙烯利、乙炔、碳化钙等化学物质在一定条件下对绿熟芒果进行处理，使果实在这些化学物质的刺激作用下快速后熟。目前使用最多的方法有乙烯和乙烯利催熟。

1. 乙烯催熟 利用外源乙烯处理时应特别注意待处理芒果品种、果实成熟度、处理环境的温度与湿度、气体成分及乙烯的浓度和处理时间等因素。一般情况下，乙烯催熟的条件为 21～24℃、相对湿度 85%～90%、乙烯使用浓度 100mL/L。

2. 乙烯利催熟 用乙烯利催熟芒果的方法很多，如乙烯利溶液浸果、乙烯利释放乙烯气体熏果等。用 300～500mg/L 的乙烯利溶液浸果 5min，在 20～25℃、相对湿度 85%～90%的密闭环境中处理 24h，然后通风换气，5d 后 50%的果实达到成熟，果实转色一致，果肉质地硬、品质好，催熟后还能放 4～5d，且催熟后腐烂损失大大降低，显著提高了芒果的商品果率。

主要参考文献

段学武，蒋跃明，张昭其 . 2003. 乙醇和乙醛在采后园艺作物保鲜中的作用 [J] . 植物生理学通讯，39（3）：289 - 293.

黄绵佳 . 2007. 热带园艺产品采后生理与技术 [M] . 北京：中国林业出版社 .

季作梁，张昭其，王燕，等 . 1994. 芒果低温贮藏及其冷害的研究 [J] . 园艺学报，21（2）：111 - 116.

李敏，胡美姣，岳建军，等 . 2009. 不同热水处理对芒果主要采后病害控制及贮藏期影响的研究 [J] . 果树学报，26（6）：88 - 92.

李敏，胡美姣，高兆银，等 . 2007. 1-甲基环丙烯不同时间处理对芒果贮藏生理的影响 [J] . 中国农学通报，23（9）：573 - 576.

刘兴华，陈维信 . 2002. 果品蔬菜贮藏运销学 [M] . 北京：中国农业出版社 .

刘秀娟，杨业铜，谢道林，等 . 1996. 钴-60 辐照处理芒果的防腐保鲜效应 [J] . 热带作物学报，17（2）：63 - 70.

彭永宏 . 1997. 芒果（*Mangifera indica* Linn. ）热处理保鲜技术研究 [J] . 华南师范大学学报：自然科学版（3）：75 - 80.

田蜜霞，姜爱丽，胡文忠，等 . 2007. 芒果贮藏现状与对策 [J] . 保鲜与加工，7（1）：1 - 3.

肖功年，杨胜远，李湘萍，等 . 2001. 芒果采后防腐保鲜研究概况 [J] . 食品研究与开发，22（5）：62 - 64.

张振文，黄绵佳 . 2003. 芒果采后生理及贮藏技术研究进展 [J] . 热带农业科学，23（2）：53 - 59.

朱勇，齐华，王执和，等 . 1998. 芒果负压渗透处理保鲜效果的研究 [J] . 园艺学报，25（2）：143－146.

Burdon J N, Dori S, Lomanliec E, et al. 1994. Effect of pre－storage treatment on mango fruit ripening ［J］. Annals of Applied Biology, 125（3）: 581 –587.

Prusky D. 1983. Assessment of latent infection as a basis for control of post harvest diseases of mango ［J］. Plant diseases, （67）: 816－818.

Chaplin G R, Cole S P, Landrigan M, et al. 1991. Chilling injury and storage of mango（*Mangifera indica L.*）fruit held under low temperatures ［J］. Acta Horticulturae, 291: 461－471.

Coates L M, Johnson G I, Cooke A W. 1993. Postharvest disease control in mangoes using high humidity hot air and fungicide treatments ［J］, Annals of Applied Biology, 123（2）: 441－448.

ISO 6660 mangoes－cold storage, 1993－12－1（Second edition）［S］.

Johnson G I, Hofman P J. 2009. Postharvest technology and quarantine treatments ［M］// Litz, R. E.（Ed.）, The Mango: Botany, Production and Uses（2nd edition）. CAB International, Wallingford, UK, 529－605.

Ketsa S, Chidtragool S, Lurie S. 2000. Prestorage heat treatment and poststorage quality of mango Fruit ［J］. Hort Science, 35（2）: 247－249.

McMillan J R T, Mitchell K J, Brooks J R, et al. 1991. Effect of hot water treatment on mango fruits sprayed with fungicides for anthracnose control ［J］. Proc. Fla. State Hort. Soc. , 104: 114－115.